战略性新兴领域“十四五”高等教育系列教材

材料试验设计

田为军　编　著

机械工业出版社

材料试验设计是针对材料学领域的工艺设计、制造，以及力学、物理、化学、生物性能优化等，从不同优良性（正交性、均匀性等）出发，利用正交表、均匀表等工具来合理设计材料试验方案，有效控制试验干扰并实施试验，科学处理材料各方面的试验数据。试验设计技术在材料科学中的应用，为材料的研发、生产和应用提供了有力支持。

本书从材料试验要求出发，系统阐述了材料试验设计基础和材料试验方案设计，重点讲解了材料稳健试验设计、回归试验设计和材料混料试验设计等设计方法，以及材料试验实施方法，介绍了材料试验数据处理的各种方法和试验设计与数据分析常用软件，并在附录中给出了常用分析表格。

本书既包含了试验设计方法，又包含了材料试验实施方法和数据处理方法，内容全面、实用，可作为材料科学与工程专业的本科生教材，也可供相关专业的科研人员、工程技术人员、实验人员、管理人员等参考。

图书在版编目（CIP）数据

材料试验设计 / 田为军编著 . -- 北京 ：机械工业出版社，2024. 11. --（战略性新兴领域“十四五”高等教育系列教材）. -- ISBN 978-7-111-77202-6

Ⅰ. TU502

中国国家版本馆 CIP 数据核字第 20248JU645 号

机械工业出版社（北京市百万庄大街 22 号　邮政编码 100037）

策划编辑：赵亚敏　　责任编辑：赵亚敏　王华庆

责任校对：韩佳欣　梁　静　　封面设计：张　静

责任印制：张　博

北京建宏印刷有限公司印刷

2024 年 12 月第 1 版第 1 次印刷

184mm × 260mm · 10.5 印张 · 251 千字

标准书号：ISBN 978-7-111-77202-6

定价：43.00 元

电话服务　　网络服务

客服电话：010-88361066　　机　工　官　网：www.cmpbook.com

010-88379833　　机　工　官　博：weibo.com/cmp1952

010-68326294　　金　　书　　网：www.golden-book.com

封底无防伪标均为盗版　　机工教育服务网：www.cmpedu.com

前言

试验设计作为一种通用的现代设计方法，近年来应用范围越来越广，其产生的效益也越来越显著。材料学作为需要试验与观测的重要学科，需要通过试验对材料的质量及其在不同条件下的各种性能进行检测和分析，通过规律性的研究达到提高材料性能、产量等实用性目的。通过对材料试验进行科学设计，以较少的试验次数，达到指导科研与生产的试验目的。材料试验中存在诸多影响结果的因素，各因素之间还存在着错综复杂的关系，要寻求其科学规律，就需要做大量的试验。试验设计在材料试验中的应用，能够使试验事半功倍，更好更快地获得材料学中存在的变化规律。

试验设计技术在材料研究、开发和应用中有大量案例，但目前材料试验设计方面的教材以材料试验为主，缺少试验设计技术、实际试验效率的影响因素分析，并且内容与传统试验设计教材基本一致，缺少新材料领域针对性试验设计的内容。基于此，笔者借鉴了国内部分优秀教材，在吉林大学任露泉院士的试验设计教材基础上，将试验设计技术与材料试验方法有机结合，充分考虑试验设计方法与材料试验特点，选择正交试验设计、均匀试验设计和混料试验设计三种试验设计方法做重点而系统的介绍，并就材料制备和性能的试验方法进行阐述。

本书共9章。第1章引入材料试验的基本概念以及试验设计的发展。第2章介绍材料试验设计中最重要的试验数据的相关问题以及试验设计的基本原则等基础性内容。第3章选用与材料试验密切相关且应用最为广泛的两类试验设计方法进行介绍，包括正交试验设计和均匀试验设计，并通过采用相关的材料试验设计方案来叙述这些设计方法，使学生更容易理解这些试验设计方法的思想。第4章是材料稳健试验设计问题。第5章是材料试验实施相关问题，包括材料试验的设备、典型的材料制备试验与性能试验、材料试验的干扰控制等内容。第6章是试验数据获取之后的处理，分为极差分析和方差分析，按照水平情况又分为等水平与不等水平的试验数据处理。第7章和第8章分别是回归试验设计与混料试验设计，重点阐述如何获得试验因素与试验指标之间的回归方程。第9章介绍在材料试验设计过程中常用的软件。

本书收集了材料学中的试验设计实例，同时将材料试验与试验设计有机结合，适合于材料领域相关专业，也适合于其他学科的科研人员、工程技术人员、试验人员、管理人员等参考。

在本书编写过程中，笔者参考了国内外部分相关文献，在此，向所有作者表示感谢。特别感谢任露泉院士在试验优化技术领域多年的深耕积累，使得本书能够从中汲取丰富的理论基础与经验。感谢丛茜教授对本书的重要指导。

由于编著者学识和水平有限，书中难免存在错误和不妥之处，恳请读者批评指正。

编著者

目　录

第1章
概述

1.1 试验

1.1.1 试验定义

试验，是指为了观察某事的结果或者某物的性能而从事的某种活动。试验不仅仅是由专门人员在确定的条件下，利用某些仪器设备和一定的测试技术进行的实地实物试验，还包括采用观察、调查、统计、数学计算、仿真模拟等方法搜集、获取信息的活动。

试验按照试验的形式可以分为实物试验和非实物试验（图 1-1）。实物试验是由专门人员，在确定条件下，利用某些仪器、设备和一定的测试技术进行的实地试验。非实物试验则是突破实物试验成本高、人力物力消耗大等缺点，通过计算机模拟、仿真、数学建模或调研等其他技术手段进行试验，以获取试验数据的试验。

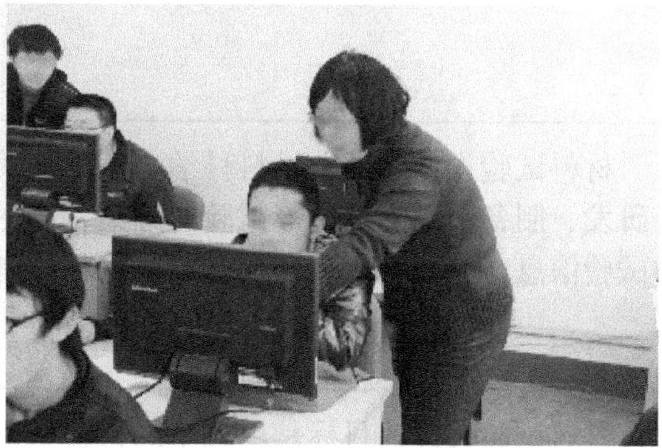

图 1-1　实物试验与非实物试验

1.1.2 试验目的

试验的目的有很多，但一定是明确的。试验的目的可以是考察哪些原因对结果或者性能有影响；可以是确定哪些原因对结果或者性能的影响程度更明显；可以是哪些原因是重要的，哪些是次要的；也可以是需要确定那些原因中的参数取何范围或者数值等能使得性能或者结果最优。试验目的会影响试验开展以及数据分析，因此，试验需要有明确的目的。

1.2 材料试验

1.2.1 材料试验定义

材料试验是为寻求材料的组成、结构、加工制备等与其功能、性能等之间的关系或者规律等而从事的活动。通过材料试验，可以优化材料工艺参数、性能、成本等。材料试验是评估材料功能和性能的重要手段，对于确保产品质量、提高生产率、降低生产成本以及保障工程安全具有重要意义。通过合理的试验方法和操作规范，以及准确的数据处理和分析，可以获得可靠而有益的试验结果，为材料的研发、生产和应用提供有力支持。

1.2.2 材料试验的任务与要求

材料试验的任务是通过试验，解决材料研发、生产、性能保证等方面的问题，包括：通过试验，开发出具有一定功能与性能的新型材料；通过试验，改进与优化材料配方、生产工艺，降低生产成本等；通过试验，优化材料性能，获得需要的力学性能、物理性能、化学性能、电性能等；通过试验，评估材料的质量与安全性等。材料试验任务涵盖范围广，也体现了材料试验在材料领域的重要性。

材料试验的要求主要包括以下几个方面：试验目的明确，使得试验具有方向性和针对性；试验方案科学，保证试验的可行性；试验设备合适，可以获得准确的试验结果；试验实施严格，使试验规范和可靠；试验结果分析客观、科学，为材料试验任务的完成提供依据。

1.3 材料试验设计

1.3.1 材料试验设计定义

材料试验设计是面向材料科学与工程相关领域的实践与研究，讨论如何合理地安排材料研发、制备、性能评估等试验的方案，以尽可能少的试验去最大限度地获得丰富而可靠的试验信息。它是探索开发材料、优化材料制备工艺，以及评估材料性能的重要方法。

1.3.2 材料试验设计的目标

材料试验设计的目标是以最小的代价获得最准确、最可靠的试验信息。为了达到这一目标，就需要在科研与生产实践试验中，根据明确的试验目的，采用科学方法设计出具有优良性的试验方案。

材料试验方案的优良性一般包括正交性、均匀性、饱和性、旋转性、D- 最优等。为了使所设计出的试验方案能够具有这些优良性，一般采用拉丁方、正交表、均匀表等作为工具来设计试验方案，利用这些工具设计的试验方案可以使得试验实施之后具有上述优良性。

1.3.3　材料试验设计的作用

材料试验设计在材料科学领域具有广泛的应用，并发挥着极其重要的作用。在材料领域的生产、科研等实践中，为了研制新材料、提高材料性能，需要开展大量的试验，并在明确试验目的前提下，根据试验因素和因素取值的变化范围，选择合理的试验设计方法，达到安排试验的目的。材料试验设计一方面可以减少试验过程的盲目性，使得试验能够有计划地开展，另一方面也能够从诸多试验方案中，按照一定的规律挑选出次数较少的试验。应该说材料试验设计可以有效减少试验次数，以尽可能少的试验次数获得尽可能多的试验信息，缩短了试验周期，节约了人力、物力，降低了试验成本。尤其是当试验因素较多时，其效果更为显著。

1.4　材料试验的数据分析

试验数据分析是试验的重要环节，基于好的材料试验方案，可以通过材料试验的实施获得足够多的试验信息。针对大量的试验信息或者试验数据，还需要进行正确的处理与分析，以获得明确的试验结论。

试验数据分析是以数理统计和概率论为理论基础，通过对数据的观察与分析计算，从而得到可靠而有规律的结果或结论，并基于结果或者结论进行调整与预测，从而对材料领域的生产与科学研究提出建议。

1.4.1　材料试验数据分析的作用

材料试验数据分析主要作用如下：

1）确定试验因素影响材料试验中试验指标的主次顺序，找出主要因素，提高试验效率。

2）了解试验因素之间的交互作用，并探讨其对试验指标的影响。

3）分析材料试验误差的大小，提高试验精度。

4）找到优化的设计参数、生产工艺条件以及材料性能优化方案等，并寻求进一步的试验方案。

5）找出试验因素与试验指标之间的关系，分析试验因素对试验指标的影响规律。

1.4.2　材料试验数据分析的方法

试验数据分析的方法包括直观分析方法、方差分析方法以及回归分析方法。

（1）直观分析方法　又称极差分析法。直观分析方法简单实用，计算简便，计算量小。该方法可以确定因素的主次、因素水平的优劣、优搭配和最优组合，主要用于试验误差不大、精度要求不高的试验场合。需要注意的是，直观分析判断的因素的主次并不代表因素对试验指标影响的显著性。即主要因素不一定是影响显著的因素，次要因素不一定就是影响不显著的因素。关于因素显著性的结论需要通过方差分析获得。

（2）方差分析方法　方差分析方法计算各考察因素或交互作用的偏差平方和及其相应的自由度，并计算各项方差估计值；计算试验误差方差估计值；计算检验统计量 F 值，并与临界值比较，判断因素或交互作用的显著性等。方差分析可以充分利用试验数据进行试验误差的估计，在考察数据误差来源的基础上，将各因素对试验指标的影响从试验误差中分离出来，定量分析出对试验数据起决定性影响的因素，即高度显著性因素或显著性因素。

（3）回归分析方法　该方法通过分析试验因素与试验指标之间相关关系，可以获得试验因素与试验指标之间的显著关系，以及各试验因素对试验指标的影响程度。回归分析一般通过数学模型进行试验因素与试验指标之间关系的描述与预测。

1.5　试验设计发展

试验设计作为相对独立的一门学科，既是应用数学的一个分支，也是试验优化的重要组成部分。试验设计产生于 20 世纪 20 年代，整个发展可分为三个阶段。

第一阶段是传统试验设计。试验设计的基本思想和方法是英国生物统计学家、数学家罗纳德 · A. 费希尔（R. A. Fisher）于 20 世纪 20 年代提出创建的，运用均衡排列的拉丁方，解决了长期未能解决的试验条件不均匀问题，提出的方差分析主要应用于农业、生物学、遗传学方面，并取得了丰硕的成果。此方法用于田间试验，使农作物大幅增产。费希尔把这种方法定名为“试验设计”。1935 年，费希尔出版了著名的《试验设计》（*The Design of Experiments*），提出了试验设计的基本原则。20 世纪 30—40 年代，英国、美国、苏联等国家将试验设计逐步推广到工业生产领域及军工生产领域。

第二阶段是传统的正交试验设计法。20 世纪 40 年代末 50 年代初，以田口玄一为代表的日本电讯研究所研究人员在研究电话通信的系统质量时，从英国、美国引进了试验设计方法，并加以改进，创造了正交试验设计法，即用正交表安排试验的方法。这种方法在日本迅速推广，据统计，推广这种方法的前 10 年，试验项目超过 100 万项，其中有 1/3 效果十分明显，获得极大的经济效益。

第三阶段是稳健（robust）设计。产品的性能除了受试验因素影响外，还与误差因素有关，消除误差因素来提高产品的性能往往是不现实的，只能尽可能降低误差因素的影响，使产品性能对误差因素的变化是不敏感的，或称为是稳健的。基于这种思想，对产品的性能、质量和成本做综合考虑，所提出的既提高产品质量又降低成本的设计方法就称为稳健设计。1957 年，田口玄一把信噪比设计与正交表设计、方差分析相结合，用信噪比作为特征数来衡量质量，用正交表来安排试验，选择最佳的参数组合，从而确立了稳健设计的基本原理，在工业界开辟了更为重要、广阔的应用领域。稳健设计主要内容是三次设计，即系统设计、参数设计和容差设计，核心是参数设计。三次设计是传统的试验设计方法的重要发展和完善，充分利用专业技术、生产试验提供的信息资料，与正交表设计方法相结合，取得了十分显著的技术与经济效果。

我国学者 20 世纪 50 年代开始研究试验设计，经过多年的发展，在理论研究、设计方法与应用技巧方面都有新的创见，这其中就有华罗庚教授倡导与普及的“优选法”，方开泰教授和王元院士提出的“均匀设计”法，任露泉院士提出的“全程优化”思想等。试验设计技术在我国的实际应用，促进了我国科研、生产和管理等各项事业的发展，同时也推动了试验设计技术的发展。

思　考　题

1-1　什么是试验？试验目的是什么？

1-2　试验设计经历了哪几个发展阶段？

1-3　阐述试验设计的定义、作用以及试验数据分析的意义与方法。

第2章 材料试验设计基础

2.1 试验设计常用术语

2.1.1 试验指标

在一项试验中，用来衡量试验效果的特征量称为试验指标，通常用y表示。试验指标按照性质可以分为定量指标和定性指标。定量指标是指用数值表示特征值的指标，如材料的硬度，材料的抗拉强度、抗压强度，材料的伸长率等；定性指标是指不能用数值表示特征值的指标，如材料的柔软度，材料制品的外观、颜色、光泽、味道等。定性指标可以转化为定量指标，如色泽的深浅可利用分光光度计通过透光度进行转化。试验按试验指标数量分为单指标试验（试验指标只有一个）和多指标试验（试验指标有两个或两个以上）。

2.1.2 因素与试验因素

所有可能影响试验指标的原因都称为因素，类似于数学中的自变量，如温度、反应速度、原料组成等。因素一般分为可控因素与不可控因素。

1. 可控因素

因素取值或者状态能够严格控制，则为可控因素，如反应时间、反应温度、加热温度等。

2. 不可控因素

取值或状态难以控制的因素称为不可控因素，如材料制备过程中机床的随机振动、试验中的随机误差等。不可控因素会对试验结果起到干扰作用，这种干扰是无法消除的，因此需要尽量限制不可控因素对试验指标的影响，降低其干扰。

不可控因素与未被选作试验因素的可控因素一起形成试验的试验条件，统称为条件因素。

试验因素则是指在试验中需要考察的因素，试验因素是试验中的已知条件，是能严格控制的，因此试验因素是可控因素，通常用大写字母 A，B，C，…表示。

值得注意的是，在试验设计中，因素与试验指标间的关系虽然类似于数学中自变量与因变量之间的关系，但并非确定的函数关系，而呈相关关系。因此，试验指标的处理必须运用统计学的原理和方法。

2.1.3　因素水平

因素水平是指在试验设计中，为考察试验因素对试验指标的影响情况，因素在试验中所处的各种状态或所取的不同值，称该状态或者取值为试验因素的试验水平，也简称为水平或位级，通常用下标 1，2，3，…表示。若一个因素取 K 种状态或 K 个值，就称该因素为 K 水平因素。例如，在研究制备工艺对复合材料结合强度的影响试验中，试验因素温度用 A 表示，取值分别为 300℃、350℃、400℃，则试验因素 A 是三水平因素，A_1 表示 A 因素的一水平。

因素的水平可以取具体值，如温度 300℃；可以是一种状态，如骨料的不同种类；也可以是一个范围或一个模糊概念，如软、硬、大、小、好、较好等。

因素的水平取值一般为 2 ～ 4，三水平最宜。

2.1.4　处理组合

所有试验因素的水平组合所形成的试验点称为处理组合，也称组合处理。对于单因素试验，一个水平就是一个组合处理，对于 2 个二水平因素的试验（试验有两个试验因素，每个试验因素有两个水平），可组合成 A_1B_1、A_1B_2、A_2B_1、A_2B_2 四种组合处理，即 4 个试验点。

2.1.5　全面试验

对全部组合处理都进行试验称为全面试验。2 个二水平因素的试验有 A_1B_1、A_1B_2、A_2B_1、A_2B_2 在内的 4 个组合处理，如 4 个试验点都进行了试验，则该试验为全面试验。

若因素 A、B、C 的水平数分别为 a、b、c，全面试验组合处理数为

$$L = abc$$

若有 c 个因素，且每个因素的水平数均为 b，则全面试验组合处理数的数学表达式为

$$L = b^c$$

2.1.6　部分实施

从全部组合处理中选择一部分组合处理进行试验称为部分试验，也称为部分实施。

部分试验与全面试验的组合处理数之比称为几分之几部分实施。例如，三水平四因素的全面试验 $L=3^4=81$，若部分试验为 9，则试验的部分实施为 1/9，又称此试验为九分之一部分实施。

试验设计所追求的目标之一就是用尽量小的部分实施来实现全面试验所要达到的目的。于是就产生了两组矛盾，一是全面试验的组合处理多与实际上希望只进行少数试验的矛盾；二是实施少数试验与要求获取全面试验信息的矛盾。利用正交试验设计可以对试验进行合理安排，挑选少数具有代表性的组合处理进行试验——以少代多，解决第一个矛盾；而对实施的少数组合处理的试验结果进行科学的处理，得出正确的结论——以少代多，解决了第二个矛盾。

2.1.7 因素试验

1. 定义

因素试验是指研究各因素及其之间的交互作用的重要程度，即对试验指标的影响大小，并直接获得最优组合处理即最优工艺条件、最优参数组合，或简捷地求得回归方程的试验。

2. 分类

（1）按因素试验的目的分类

1）验证性试验。因素与试验指标间的关系已知，进行试验验证的试验。验证性试验的目的是验证材料学已知理论、假设等是否正确。

2）探索性试验。因素与试验指标间的关系未知，进行试验探索的试验。目的是探索材料的组成、未知性能或者性质等。

（2）按试验因素的数量分类

1）单因素试验。在一项试验中仅研究一个因素的试验。

2）多因素试验。在一项试验中同时研究两个或两个以上因素的试验。

（3）按试验时间的安排分类

1）同时试验。几个组合处理同时实施的试验，它适合于试验周期长的情况。

2）序贯试验。下次试验需要在上次试验的基础上进行的试验，它适于试验周期短的情况。

例 2-1 考察温度 A、加工方式 B、合金含量 C 对某材料力学性能的影响。

1）该试验中，试验指标是材料的力学性能，可以是材料的强度、韧性、硬度等力学性能指标。

2）影响材料力学性能的原因有很多，即因素有很多，包括可控的和不可控的因素，如加工中的环境等。在本试验中，考察温度、加工方式、合金含量对试验指标的影响，因此，试验因素是温度、加工方式、合金含量。

3）试验中试验因素的水平取值分别是：温度 A_1、A_2、A_3，加工方式 B_1、B_2、B_3，合金含量 C_1、C_2、C_3。因此，本试验是三因素三水平试验。

4）三个因素，每个因素取三个水平，因此因素的水平组合就有很多个，即组合处理很多，分别是 $A_1B_1C_1$、$A_1B_1C_2$、$A_1B_1C_3$、$A_1B_2C_1$、$A_1B_2C_2$、$A_1B_2C_3$、$A_1B_3C_1$、$A_1B_3C_2$、$A_1B_3C_3$、$A_2B_1C_1$、$A_2B_1C_2$、$A_2B_1C_3$、$A_2B_2C_1$、$A_2B_2C_2$、$A_2B_2C_3$、$A_2B_3C_1$、$A_2B_3C_2$、$A_2B_3C_3$、$A_3B_1C_1$、$A_3B_1C_2$、$A_3B_1C_3$、$A_3B_2C_1$、$A_3B_2C_2$、$A_3B_2C_3$、$A_3B_3C_1$、$A_3B_3C_2$、$A_3B_3C_3$。试验的组合处理一共有 27 个，如果这些组合处理都进行试验，则全面试验次数是 27。

5）如果选择其中一部分组合处理进行试验，如选择其中 9 个组合处理进行试验，则部分实施的次数是 9，该试验即为 1/3 部分实施。

2.2　材料试验的试验数据

材料试验的试验数据是针对试验指标，通过一些试验设备进行材料试验或者测试获得的结果或数据。材料试验的试验数据可以是材料的力学、物理、化学等性能参数。其形式可以是具体数值、图表或者曲线等，主要用于描述材料性能、特性、质量、可靠性等，是材料研发、性能改进等的重要依据。

2.2.1　材料试验的试验数据类型

材料试验的试验数据一般分为定量数据和定性数据。

材料试验的定量试验数据是采用测量、度量或者计数等方法获得的数据，是对材料相关特性的数量性描述，表现为具体的数字观测值。可以是材料的尺度，也可以是性能参数、制备的工艺参数等。定量数据又分为离散数据和连续数据，离散数据是某些特定的值，而连续数据可以是任何值。连续数据是采用测量手段获得的试验数据，可以根据需要进行无限细分，每个数据点都有一定的数值，连续数据的值不一定是整数。离散数据是通过计数方式获得的试验数据，其值以整数表示，是不连续的。

材料试验数据的定性试验数据是用于描述材料属性、形状等的非数值数据。定性数据包括分类数据和顺序数据。分类数据是表现为类别的定性数据，是对材料及其性能进行分类的结果，如材料孔隙形状、方向等。顺序数据是定性数据中反映材料等级、顺序关系的数据，如材料的优劣等级。

材料试验数据根据材料性能特性又可以分为力学性能、物理性能和化学性能等几个方面的数据类型。

2.2.2　试验数据的整理与描述

材料试验获得的试验数据复杂、量大，只有对试验数据进行整理，并对试验数据进行描述性分析，才能对试验数据有一定的了解。

1. 试验数据的整理

试验数据的整理：首先采用聚类分析、判别分析等统计方法对数据进行分类，或者根据数据直观特性进行数据分类，以提高数据分析的效率；其次对各类数据进行清洗，将异常值、错误数据以及重复的数据删除，重测或修正可疑数据；最后将试验数据整理成一定格式，做成表格或者矩阵形式。

2. 试验数据的描述

对整理好的试验数据进行描述。对于不同数据类型采用不同的描述方法。对于定量数据，采用描述统计量的方法对数据进行描述，包括描述数据的频数、离散程度、分布等，主要计算试验数据的平均值、中位数、标准差等统计量。对于定性数据，则可以通过频数分布表和柱状图等图表直接进行描述。

2.2.3 试验数据的误差

试验数据的好坏直接影响试验的结果分析，在试验中往往会由于仪器设备、试验条件、试验人员的能力等原因，使得数据的观测值与真实值之间存在差异，这种差异就是误差。

试验误差不会消除，其存在具有普遍性和必然性。同时，试验误差还具有随机性，同样的试验多次进行的结果可能会产生差异。

1. 根据误差的表示方式分类

根据误差的表示方式，误差可以分为绝对误差、相对误差和引用误差。

（1）绝对误差　在试验过程中，因为测试仪器设备、人为因素以及偶然因素影响，导致试验结果与真实值之间存在偏差，该偏差称为误差，又称绝对误差。

$$绝对误差 = 试验值 - 真实值$$

式中，真实值是某物理量在某一时刻和某一状态下的客观值或真实数值。

试验时，真实值往往是未知的，因此，绝对误差无法直接进行计算。在没有真实值的情况下，常用试验所使用仪器的精确度来获取绝对误差，或者通过统计分析方法对绝对误差的大小进行估算和预测。如某长度测量仪的最小刻度是 0.1mm，则表明该测量仪有把握的最小测量尺寸是 0.1mm，所以最大绝对误差是 0.1mm。再如，测量仪器的精度是 1.5 级，则表示该测量仪器的绝对误差为最大量程的 1.5%，如果该测量仪器的最大量程为 0.6mg，则该测量仪器的绝对误差是 $0.6mg \times 1.5\%=0.009mg$。

（2）相对误差　绝对误差反映了测量值偏离真实值的大小，但无法直接比较不同测量结果的可靠程度，而用测量值的绝对误差与真实值之比更能反映测量的可信程度。这里的比值即为相对误差。相对误差是一个无量纲的量。

$$相对误差 = \frac{绝对误差}{真实值}$$

绝对误差与相对误差的区别可以理解为：用同一个天平测量质量为 100g 和 1000g 的物体，其测量值的绝对误差是相同的，但是相对误差显然是前者比后者大一个数量级，即后者测量值更为可信。

（3）引用误差　引用误差是测量仪器的示值相对误差，用来描述仪器的准确度高低。其值是测量的绝对误差与测量仪器的满量程值之比，常以百分数表示。

2. 根据试验误差的特点与性质分类

试验误差除了根据表示方式分类，根据试验误差的特点与性质，试验误差还可以分为随机误差、系统误差和粗大误差。

（1）随机误差　在相同条件下进行多次试验，其误差绝对值和符号是不确定的，这样的误差是随机误差。这种误差是由某些不易控制的因素造成的。随机误差是不能通过试验方法和试验装置等改进而消除的，但是随机误差一般都具有统计规律，其误差与测量次数有关。随着测量次数的增加，平均值的随机误差可以减小，但不会消除。

通过多次测量求平均值的方法可以最大限度地减小随机误差的影响。因此，一般将多次测量获得的测得值的算术平均值作为最终试验结果。

$x_1, x_2, \cdots, x_n$为 n 次测量获得的试验结果，则其算术平均值为

$$\overline{x} = \frac{x_1 + x_2 + \cdots + x_n}{n}$$

（2）系统误差　系统误差是由测试系统产生的误差，包括测试装置、试验条件、试验方法等固定不变的因素引起的误差。这些误差可以通过试验方法改进、仪器设备精度提升、试验条件有效控制等方法减小。

（3）粗大误差　粗大误差，也称过失误差，主要由试验人员粗心大意，如操作失误、读数错误、记录错误或操作失败所致。这类误差往往与正常值相差很大，应在整理数据的清理数据阶段剔除。

思　考　题

2-1　什么是试验指标？什么是试验因素？

2-2　试验数据类型有哪些？

2-3　试验数据的误差来源有哪些？试验误差如何分类？

2-4　试验分类有哪些？

第3章 材料试验方案设计

材料试验方案的设计方法诸多，运用正交表、均匀表等设计工具与方法，就可以获得不同的试验方案。

3.1 材料单因素试验设计

在试验过程中，有一类试验最为简单，即试验中只考察一个因素对试验指标的影响，这样的考察单一因素不同水平变化对试验指标影响的试验称为单因素试验。

单因素试验往往是为了多因素试验做准备的。设计试验时，一般通过单因素试验来分析各个因素对试验指标的影响以及影响规律，为后续的多因素试验提供基础和指导。

3.1.1 单因素试验设计步骤

单因素试验设计的步骤：

1）明确试验目的，根据试验目的确定试验指标。

2）确定试验因素水平范围，如 $a<x<b$。

3）根据试验要求，选择合适的试验方法，科学安排试验点。

3.1.2 单因素试验的设计方法

单因素试验一般采用优选法进行试验方案设计。优选法是利用数学原理，合理地安排试验点，减少试验次数，从而迅速找到最佳点的方法。

单因素试验设计方法包括均分法、对分法、黄金分割法、分数法等。

1. 均分法

均分法（图 3-1）是根据精度要求和实际情况，将试验范围平均分割成若干份，在每个分割点上同时进行试验，通过比较试验结果，选择最优试验点的方法。均分法能够快速缩小试验范围，找到满意的试验结果。均分法的试验次数$n=\frac{b-a}{N}+1$，其中 N 为试验间隔，试验次数决定着均分法试验的精度。

a　x_1　x_2　x_{n-1}　x_n　b

图 3-1　均分法

2. 对分法

对分法是每个试验点选择试验区间的中点进行试验，再根据试验结果判断下一步的试验范围，并在新的试验范围的中点进行试验的单因素试验方法。

对分法能够很快逼近优化值，但是对分法每次只能做一次试验，因此，对分法试验需要有明确的试验指标，并且试验因素对试验指标的影响规律是单调性的，也就是说根据试验指标结果能够分析出因素水平值取大了还是取小了。只有单调性影响规律才能判断出下一个试验范围。

如图 3-2 所示，首先在 [a，b] 中点$x_1=\frac{a+b}{2}$上进行试验，如果判断出x_1取大了，那么下一次试验范围即为 [a，x_1]，第二次试验点在中点$x_2=\frac{a+x_1}{2}$，依次重复。

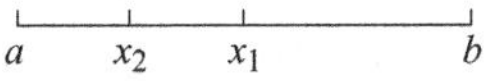

a　x_2　x_1　b

图 3-2　对分法

3. 黄金分割法

黄金分割法（图 3-3）是在试验范围 [a，b] 的x_1 =a+0.618（b–a）处安排第一个试验点，得到试验结果$y_1=f(x_1)$，再在x_1的对称点x_2 =a+0.382（b–a）安排第二个试验点，得到试验结果$y_2=f(x_2)$，比较y_1和y_2，如果y_1大就去掉 [a，x_2)，在留下的 [x_2，b] 中继续找x_1的对称点x_3进行试验，据此一直进行试验，直到达到要求。

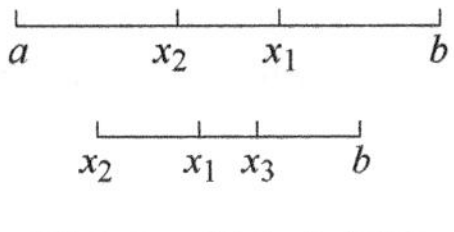

a　x_2　x_1　b

x_2　x_1　x_3　b

图 3-3　黄金分割法

4. 分数法

分数法是利用斐波那契数列进行单因素试验方案设计的一种方法。斐波那契数列为

$$F_0=F_1=1, F_n=F_{n-1}+F_{n-2}\quad (n\geqslant 2)$$

即 1，1，2，3，5，8，13，21，34，55，89，144，233，⋯这样的数列为斐波那契数列。

当试验点只能取整数时，采用黄金分割方法计算出的试验点会有小数，则无法采用黄金分割法进行优选，另外就是有试验次数限制时，可采用分数法安排试验方案。实际上，任何小数都可以用分数$\frac{F_n}{F_{n+1}}$近似代替，如试验次数限制为n=4，则第一次试验点在$x_1=\frac{5}{8}$处，采用该分数近似代替 0.618，第二个试验点选择其对称点$x_2=\frac{3}{8}$处。通过比较试验结果，选取新的试验范围进行试验，经过重复试验可找到满意的试验结果。

在使用分数法进行单因素试验方案设计时，应根据试验范围选择合适的分数，所选择的分数不同，试验次数也不一样，见表 3-1。

表 3-1 分数法试验

试验次数	2	3	4	5	6	7	…	n
等分试验范围的份数	3	5	8	13	21	34	…	F_{n+1}
第一次试验点位置	2/3	3/5	5/8	8/13	13/21	21/34	…	$\frac{F_n}{F_{n+1}}$
第二次试验点位置	1/3	2/5	3/8	5/13	8/21	13/34	…	$1-\frac{F_n}{F_{n+1}}$

对于材料单因素试验而言，其试验设计、实施和分析比较简单。而实际材料试验时，其影响因素往往有很多个，这就涉及多因素的试验设计问题。多因素试验设计面临的最大问题就是因素多带来试验次数增多，如 5 个因素，每个因素选 5 个水平，那么全面试验的试验次数就是 5^5=3125 次。试验次数太多，会耗费大量的人力、物力和财力，因此需要采用不同于单因素试验的试验方案设计方法。这些方法包括采用正交表进行试验方案设计的正交试验设计、采用均匀表进行试验方案设计的均匀试验设计、面向材料混料试验问题的混料试验设计。

3.2 材料正交试验设计

正交试验设计方法是一种多因素多水平的试验设计方法，是利用正交表这一基本工具设计试验方案，从而为材料试验提供一种以较少试验次数获得尽可能多试验信息的试验方法。

3.2.1 正交表及其性质

1. 正交表

正交表是试验设计的基本工具，它的核心就是均衡分布思想。

正交表是根据均衡分布思想，应用组合数学理论按一定规律构造的具有正交性质的一种数学表格，是正交试验设计的基本工具，试验设计的主要内容、方案编制、干扰控制和结果分析都是在表上进行的。

正交表是一种数学表格，每个正交表都有其数学表达式。正交表按水平数相等与否可分为等水平正交表和非等水平正交表。

（1）等水平正交表　等水平正交表写成$L_a(b^c)$，其中，L 表示正交表；a 表示正交表的行数或采用该正交表安排试验时应实施的试验次数；b 表示正交表同一列出现的不同数字个数，即正交表每列的水平数，若一个等水平正交表有 b 个水平，就称该正交表为 b 水平正交表；c 表示正交表的列数。用$L_a(b^c)$正交表进行试验设计时，安排的因素数可以小于或等于 c，但绝不能大于 c；$L_a(b^c)$中的b^c表示 c 个 b 水平因素全面试验时的组合处理数，因此a/b^c为该正交表进行试验设计时的最小部分实施。

表 3-2 为正交表$L_4(2^3)$，该表是二水平正交表，有 3 列，用该正交表安排试验时，最多可以安排 3 个因素，所需实施的部分试验为 4 次，全面试验为 2^3=8 次，最小部分实施为 1/2。

表 3-2　正交表 $L_4(2^3)$

试验号	列号		
	1	2	3
1	1	1	1
2	1	2	2
3	2	1	2
4	2	2	1

（2）非等水平正交表　非等水平正交表一般表示为$L_a(b_1^{c_1} \times b_2^{c_2})$，$L_a(b_1^{c_1} \times b_2^{c_2} \times b_3^{c_3})$（$b_1 \neq b_2 \neq b_3$），它们各代表一个具体的数学表格。非等水平正交表也叫混合型正交表。各字母的具体含义基本与等水平正交表相同，a 表示正交表的行数或采用该正交表安排试验时应实施的试验次数；b_1、b_2、b_3 分别表示正交表不同列出现的不同数字个数，即正交表不同列的水平数，例如 c_1 列的水平数是 b_1，c_2 列的水平数是 b_2，c_3 列的水平数是 b_3。当用非等水平正交表如$L_a(b_1^{c_1} \times b_2^{c_2})$进行试验设计时，则安排的因素数应小于或等于 c_1+c_2，且安排的因素中有 b_1 水平的因素个数应小于或等于 c_1，b_2 水平的因素个数应小于或等于 c_2，其最小部分实施为$a/(b_1^{c_1} \times b_2^{c_2})$。

2. 常用正交表的分类及特点

（1）标准表　二水平至五水平的标准表如下：

二水平：$L_4(2^3)$、$L_8(2^7)$、$L_{16}(2^{15})$……

三水平：$L_9(3^4)$、$L_{27}(3^{13})$、$L_{81}(3^{40})$……

四水平：$L_{16}(4^5)$、$L_{64}(4^{21})$、$L_{256}(4^{85})$……

五水平：$L_{25}(5^6)$、$L_{125}(5^{31})$、$L_{625}(5^{156})$……

标准表每列水平数都相等，并且水平数只能取素数或者素数幂，对于同一水平标准表，任意两个相邻表具有如下关系，即

$$\begin{cases} a_{i+1} = ba_i \\ c_{i+1} = a_i + c_i \end{cases} \quad (i=0, 1, 2, \cdots)$$

标准表的构造特点是

$$\begin{cases} a_i = b^{2+i} \\ c_i = \dfrac{a_i - 1}{b-1} = \dfrac{b^{2+i} - 1}{b-1} \end{cases} \quad (i=0, 1, 2, \cdots)$$

由标准表构造特点可以发现，一旦 b 确定，那么标准表的 a 和 c 也就确定了，也即标准表就确定了。当 i=0 时的正交表是该水平系列正交表中最小的正交表，如二水平正交表中最小的正交表是 a=4、c=3 的$L_4(2^3)$正交表。

（2）非标准表　标准正交表的 a 和 c 变化差太大，为了缩小标准表的间隔而提出非标准表，非标准表属于等水平表，但在试验方案设计时不能考察因素的交互作用。

二水平表：$L_{12}(2^{11})$、$L_{20}(2^{19})$、$L_{24}(2^{23})$、$L_{28}(2^{27})$……

其他水平表：$L_{18}(3^7)$、$L_{32}(4^9)$、$L_{50}(5^{11})$……

二水平非标准表的构造特点是

$$\begin{cases} a = ib^2 \\ c = a - 1 = ib^2 - 1 \end{cases}$$

式中，$i \geqslant 3$，且为非 2 的幂次方的自然数。

除二水平标准表的试验号外，所有能被 4 整除的正整数都是二水平非标准表的试验号，而任一非标准二水平表的列数 c 总比试验号小 1。

（3）混合型正交表　混合型正交表如：

$$L_8(4 \times 2^4)、L_9(2^1 \times 3^3)、L_9(2^2 \times 3^2)、L_{12}(3 \times 2^4)、L_{12}(6 \times 2^2)\cdots\cdots$$

混合型正交表适用于两种情况：一是着重考察的因素需多取水平的情况，如$L_8(4 \times 2^4)$；二是因素不能多取水平的情况，如$L_{18}(2 \times 3^7)$。

一般情况下，混合型正交表不能考察交互作用。

3. 正交表的基本性质

（1）正交性

1）在任一列中各水平都出现，且出现的次数相等。

2）任意两列之间各种不同水平的所有可能组合都出现，且出现的次数相等。

如正交表$L_9(3^4)$（表 3-3），每列都有 3 个水平 1、2、3，并且每列里的三个水平出现的次数都是 3 次；任意两列之间的可能组合为（1，1）、（1，2）、（1，3）、（2，1）、（2，2）、（2，3）、（3，1）、（3，2）、（3，3），并且出现的次数相等，都是 1 次。

表 3-3　正交表$L_9(3^4)$

试验号	列号			
	1	2	3	4
1	1	1	1	1
2	1	2	2	2
3	1	3	3	3
4	2	1	2	3
5	2	2	3	1
6	2	3	1	2
7	3	1	3	2
8	3	2	1	3
9	3	3	2	1

正交性的内容是判断一个正交表是否具有正交性的必要条件。

由正交表的正交性可知：

1）正交表的各列地位是平等的，表中各列之间可以相互置换，称为列间置换。

2）正交表各行之间也可以相互置换，称为行间置换。

3）正交表中同一列的水平数字也可以相互置换，称为水平置换。

（2）均衡分散性　从正交表的正交性中分析可得：①任一列的各水平都出现，使得部分试验中包含所有因素的所有水平；②任意两列间的所有组合都出现，使得任意两因素间都是全面试验。因此，部分试验中所有因素的所有水平信息及两两因素间的所有组合信息无一遗漏。所以，虽然正交表安排的只是部分试验，但却能够了解到全面试验的情况。从这个意义上讲，部分试验可以代表全面试验，故均衡分散性有时又称代表性。

另外，由于正交表的正交性，部分试验的试验点必然均衡地分布在全面试验的试验点中。

采用正交表$L_4(2^3)$安排二水平三因素试验的正交表L_4（2^3）试验点分布图（图 3-4），图中①、②、③、④为表 3-2 中正交表$L_4(2^3)$的试验点。由图 3-4 可知，部分试验的四个试验点均衡地排列在 6 个面、12 条棱上，试验点均衡分布在全面试验的试验点中。因此，部分试验的优化结果与全面试验的优化结果应有一致的趋势。

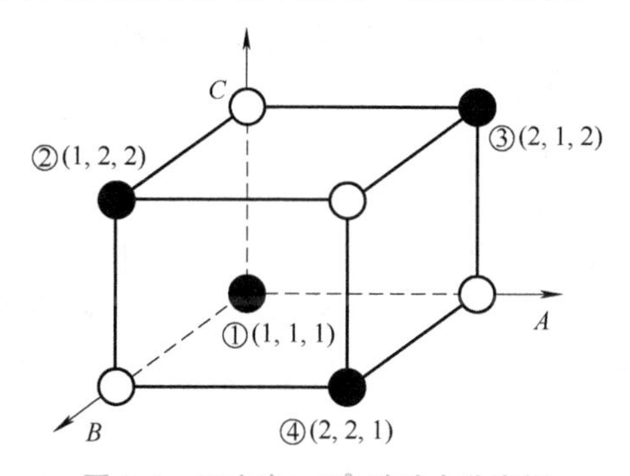

图 3-4　正交表$L_4(2^3)$试验点分布图

注：●为部分试验的试验点；○为未试验点。

图 3-5a 所示为三因素三水平试验全面试验的试验点，这些试验点是立方体的 27 个节点。如果用正交表$L_9(3^4)$安排试验，则选择的是其中 9 个节点，如图 3-5b 所示，可以看出在立方体每个面上都有 3 个试验点。

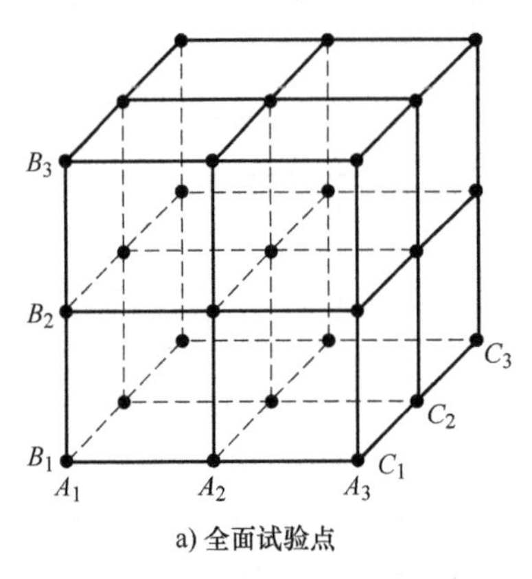

a) 全面试验点

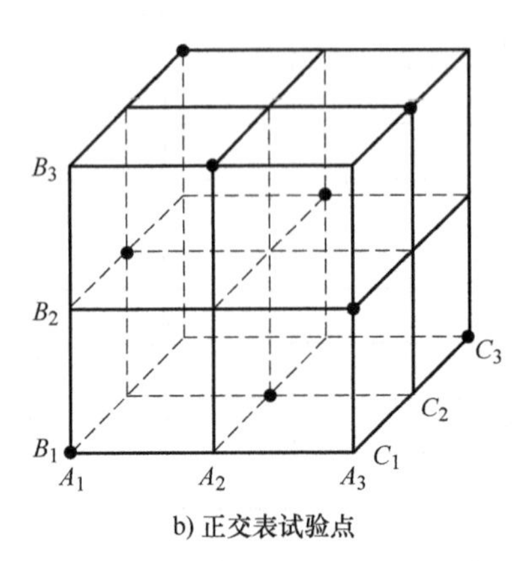

b) 正交表试验点

图 3-5　三因素三水平试验全面试验的试验点

（3）综合可比性　在正交表的正交性中，任一列各水平出现的次数都相等，任两列间所有可能的组合出现的次数都相等，使得任一因素各水平的试验条件相同。这就保证了在每列因素各个水平的效果比较中，其他因素的干扰相对较小，从而能最大限度地反映该因素不同水平对试验指标的影响，这种性质称为综合可比性。见表 3-2 和表 3-3，对于安排在某列中的因素，考察其水平变化对于试验指标的影响时，其余各列上的因素的水平都规则地与该因素配合，该因素的每个水平与其他列的因素的每个水平都均匀搭配。

正交表的三个基本性质中，正交性是核心、基础；均衡分散性和综合可比性是正交性的必然结果，也是均衡分布思想的体现。

3.2.2　正交试验设计的基本步骤

正交试验设计的基本步骤主要是设计试验方案和处理试验结果。正交试验设计的主要步骤为：

（1）设计试验方案

1）明确试验目的，确定试验指标。试验目的主要有寻求设计、技术、配方、工艺和生产等在试验空间内的最优化；考察试验因素的变化规律或试验因素与试验指标间的统计规律；满足某些特定或特殊的要求或需求。

试验指标是由试验目的确定的，一个试验目的至少需要一个试验指标，有时要达到一项试验的一个目的需要多个试验指标。

2）确定需要考察的因素，选取适当的水平。试验因素的选择要求全面考虑、重点选择，重点考察的因素为试验因素，不考察的因素为试验条件。试验因素的水平一般以 2 ～ 4 为宜，以尽量减少试验次数，但重点考察的因素和考察范围较宽的因素可多选水平。

3）选用合适的正交表。根据所考察因素的水平数，选择具有该水平数的一类正交表，再根据因素个数选定其中的一张表。选表原则是在能够安排因素和交互作用前提下，尽可能选择试验次数少的正交表，以减少试验次数。

4）进行表头设计。表头设计是将因素放在选用的正交表各列上。

5）编制试验方案。在表头设计的基础上，将所选用正交表中各列的不同数字换成对应因素的相应水平，所形成的试验组合就是试验方案。

（2）处理试验结果

1）极差法。该方法主要是通过计算和判断确定因素的主次和最优组合。首先计算第 j 因素 k 水平所对应的试验指标和y_{jk}，并求其平均值$\overline{y}_{jk}$，由y_{jk}的大小判断第 j 因素的优水平。优水平的判断与试验指标越大越好还是越小越好有关，若试验指标越大越好，则$\overline{y}_{jk}$值大的 k 水平为 j 因素的优水平。各因素的优水平的组合即最优组合。第 j 因素极差R_j计算式为

$$R_j = \max\{\overline{y}_{j1}, \overline{y}_{j2}, \cdots\} - \min\{\overline{y}_{j1}, \overline{y}_{j2}, \cdots\}$$

R_j反映了第 j 因素水平变动时试验指标的变化幅度。R_j越大，说明该因素对试验指标的影响越大。因此，根据R_j的大小判断因素的主次。

2）方差分析法。方差分析法是计算各考察因素或交互作用的偏差平方和及其相应的自由度，并计算各项方差估计值；计算试验误差的方差估计值；计算检验统计量 F 值，并与临界值F_α比较，判断因素或交互作用的显著性等。

试验结果处理在第 6 章详细阐述。

3.2.3　正交试验设计的基本方法

正交试验设计的基本方法是指适用于解决各因素水平数都相等、因素间的交互作用均可忽略的试验问题的方法。

例 3-1　CNT/PDMS 复合材料制备参数优化。

碳纳米管（CNT）具有优异的导电特性和力学性能，聚二甲基硅氧烷（PDMS）价格便宜且力学性能好，因此将 CNT 和 PDMS 混合制备的复合材料在传感器领域有着重要的应用。直写打印技术应用于上述复合材料的制造中，其打印参数影响复合材料平整度，从而影响传感性能，因此采用正交试验设计方法进行打印参数优化。

（1）明确试验目的，确定试验指标　试验目的是获得 CNT/PDMS 复合材料的制备工艺参数。试验指标是复合材料宽度和厚度，是定量指标。

（2）确定试验因素并选取适当水平　在制备时发现，打印速度过快会影响材料的成形，速度过慢可能会产生堆积，因此打印速度是需要考察的因素。扫描间距小会使得结构的跨距打印难以实现，过大则可能会无法形成良好的导电网格，影响复合材料的导电性能。层厚则是对复杂结构高度方向的尺寸控制。打印速度、扫描间距和层厚对复合材料宽度和厚度影响较大，因此选择打印速度、扫描间距和层厚作为正交试验设计的 3 个试验因素。

试验因素水平表见表 3-4。

表 3-4　试验因素水平表

水平	因素		
	A 打印速度 /（mm/s）	*B* 扫描间距 /mm	*C* 层厚 /mm
1	15	0.30	0.15
2	20	0.37	0.30
3	25	0.45	0.45

（3）选择合适的正交表　因素为三水平，选择三水平正交表。需要考察的因素有三个，因此选择三水平正交表中的第一个表$L_9(3^4)$可以安排下三个因素。

（4）表头设计　不考虑交互作用，所以因素可以占任意列。

（5）编制试验方案　将各考察因素所在列中的数字换成相应的水平实际值，试验方案及试验结果见表 3-5（本例以宽度为例进行结果分析）。

表 3-5　试验方案及试验结果

试验号	因素			试验结果
	A 打印速度 /（mm/s）	*B* 扫描间距 /mm	*C* 层厚 /mm	y_i 宽度 /mm
1	（1）15	（1）0.30	（1）0.15	25.1
2	（1）15	（2）0.37	（2）0.30	21.2
3	（1）15	（3）0.45	（3）0.45	23.7
4	（2）20	（1）0.30	（2）0.30	19.2
5	（2）20	（2）0.37	（3）0.45	19.9
6	（2）20	（3）0.45	（1）0.15	23.4
7	（3）25	（1）0.30	（3）0.45	20.5
8	（3）25	（2）0.37	（1）0.15	21.7
9	（3）25	（3）0.45	（2）0.30	19.6

（6）结果分析（极差分析法）　计算各因素各水平所对应的试验指标和y_{jk}，并求其平均值$\overline{y}_{jk}$，计算各因素极差R_j，试验结果分析见表 3-6。

影响打印表面宽度的因素主次顺序是$C>A>B$；对于宽度而言，试验指标越大越好，因此A_1、B_3、C_1分别是因素A、B和C的优水平，A、B、C三因素的优水平的组合为$A_1B_3C_1$，即为本试验的最优组合。

表 3-6　试验结果分析

指标	因素		
	A	*B*	*C*
y_{j1}	70	64.8	70.2
y_{j2}	62.5	62.8	60.0

（续）

指标	因素		
	A	B	C
y_{j3}	61.8	66.7	64.1
$\bar{y}_{j1}$	23.3	21.6	23.4
$\bar{y}_{j2}$	20.8	20.9	20.0
$\bar{y}_{j3}$	20.6	22.2	21.4
R_j	2.7	1.3	3.4

3.2.4　有交互作用的正交试验设计

1. 定义

交互作用是指多因素试验时因素间的联合搭配对试验指标的影响作用。

2. 表示方法

在试验设计中，交互作用记作 $A\times B$，$A\times B\times C$，…，其中，$A\times B$ 称为一级交互作用，表明因素 A、B 间有交互作用。$A\times B\times C$ 称为二级交互作用，表明 A、B、C 间有交互作用。同样，若 P+1 个因素有交互作用，就称为 P 级交互作用。

3. 交互作用的处理

在试验设计中，交互作用当作因素看待，并安排在标准正交表的相应列上。但是交互作用与因素不同，用于考察交互作用的列不影响试验方案及其实施；一个交互作用占有正交表的列数为$(b-1)^P$，因此在表头设计时，交互作用所占列数除了与水平数有关，还与交互作用级数 P 有关。

对于一个 2^5 因素试验，安排在二水平正交表时，表头设计时如果考察因素间的各级交互作用，5 个因素各占 1 列，共占C_5^1列；两个因素构成的一级交互作用一共有C_5^2个，二水平因素的每个一级交互作用占二水平正交表的（2–1）^{1}=1 列，因此一级交互作用占C_5^2列；三个因素构成的二级交互作用一共有C_5^3个，二水平因素的每个二级交互作用占二水平正交表的（2–1）^{2}=1 列，因此二级交互作用占C_5^3列；四个因素构成的三级交互作用一共有C_5^4个，二水平因素的每个三级交互作用占二水平正交表的（2–1）^{3}=1 列，因此三级交互作用占C_5^4列；五个因素构成的四级交互作用一共有C_5^5个，二水平因素的每个四级交互作用占二水平正交表的（2–1）^{4}=1 列，因此一级交互作用占C_5^5列。因此，2^5 因素试验在二水平正交表中应占的列数为

$$C_5^1+C_5^2+C_5^3+C_5^4+C_5^5=31$$

而要安排该试验的因素以及各级交互作用，需选择正交表$L_{32}(2^{31})$，而2^5因素试验全面试验次数$n=2^5=32$。因此，所用正交表的试验次数等于全面试验次数。此时，失去了采用正交表安排试验的意义。

因此，在满足试验要求的条件下，为突显正交试验设计可以大量减少试验次数的优点，有选择地合理考察交互作用是需要妥善处理的问题。一般处理的原则是：

1）高级交互作用通常不考虑。实际上高级交互作用一般影响都很小，可以忽略。对于2^5因素试验，若仅考虑一级交互作用，则需要的列数为$C_5^1+C_5^2=15$。选$L_{16}(2^{15})$即可，部分实施为1/2。

2）一级交互作用不用全考虑。只考虑那些效果较明显的，或试验要求必须考察的一级交互作用。对于2^5因素试验，A、B、C、D和E均为二水平因素，若只考虑其中两个一级交互作用$A\times B$和$B\times C$，则可选$L_8(2^7)$，部分实施为1/4。

3）应尽量选用二水平因素，以减少交互作用所占的列数。若因素必须多选水平时，可设法将一张多水平正交表化为两张或多张二水平正交表完成试验。

4. 有交互作用的表头设计

对于有交互作用的试验，其表头设计时，各因素的交互作用不能任意安排，必须严格按照交互列表配列。每一张正交表都有相应的交互列，表3-7为$L_8(2^7)$交互作用列表，表中所有数字均为正交表列号，括号内的数字表示各因素所占的列，任意两个括号列纵横所交的数字表示这两个括号列所安排因素的交互作用列。

表3-7　$L_8(2^7)$交互作用列表

列号						
1	2	3	4	5	6	7
(1)	3	2	5	4	7	6
	(2)	1	6	7	4	5
		(3)	7	6	5	4
			(4)	1	2	3
				(5)	3	2
					(6)	1
						(7)

在正交表选用与表头设计时需要注意以下原则：

1）自由度原则。自由度原则包含以下四个方面。

① 正交表的自由度为所选正交表的试验次数减1，即$f_{表}=a-1$，其中a是正交表的行数。

② 正交表列的自由度为所在列的水平数减1，即$f_{列}=b-1$，其中b是该列的水平数。

③ 因素A的自由度为因素的水平数减1，即$f_A=b_A-1$，其中b_A是因素A的水平数。

④ 交互作用的自由度为对应的两个因素自由度的乘积，即交互作用 $A \times B$ 的自由度为$f_{A\times B} = f_A \times f_B = (b_A - 1)\times(b_B - 1)$。

所谓自由度原则，是指在表头设计时，因素的自由度应该等于所在列的自由度或自由度之和；交互作用的自由度应该等于所在列的自由度或自由度之和；所考察因素和交互作用的自由度之和必须不大于所选正交表的试验次数 a 减 1，即 $f_{总}=\sum f_{因}+\sum f_{交}\leqslant a-1$。

2）避免混杂。在正交表的同一列安排了两个或两个以上因素或交互作用时，称为混杂。一旦出现混杂，就无法确定同一列中的这些不同因素或交互作用对试验指标的作用效果。

为避免混杂，设计表头时，应优先安排主要因素、重点考察的因素和涉及交互作用较多的因素，而另一些次要因素、涉及交互作用较少的因素和不涉及交互作用的因素，则可放在后面安排。

有时为了满足试验的基本要求，或为了减少试验次数，可以允许一级交互作用的混杂，也可以允许次要因素与高级交互作用的混杂，但一般不允许因素与一级交互作用混杂。

例 3-2　2^4 试验，考察交互作用 $A\times B$、$A\times C$、$A\times D$，进行表头设计。

对于二水平试验，选择二水平正交表安排试验，4 个因素各安排 1 列，每个一级交互作用安排在 1 列，考察 3 个一级交互作用，每个一级交互作用占 1 列，需要占 3 列。因此一共需要 7 列，选择二水平正交表中的 L_8（2^7）即可安排相应的因素与交互作用，见表 3-8。

表 3-8　例 3-2 表

表头	A	B	$A\times B$	C	$A\times C$	$A\times D$	D
列号	1	2	3	4	5	6	7

例 3-3　2^4 试验，考察交互作用 $A\times B$、$A\times C$、$A\times D$、$B\times C$、$B\times D$、$C\times D$，进行表头设计。

对于二水平试验，选择二水平正交表安排试验，4 个因素各安排 1 列，每个一级交互作用安排在 1 列，考察 6 个一级交互作用，每个一级交互作用占 1 列，需要占 6 列。因此一共需要 10 列，选择二水平正交表中的 L_{16}（2^{15}）即可安排相应的因素与交互作用，见表 3-9。

表 3-9　例 3-3 表

表头	A	B	$A\times B$	C	$A\times C$	$B\times C$		D	$A\times D$	$B\times D$		$C\times D$			
列号	1	2	3	4	5	6	7	8	9	10	11	12	13	14	15

5. 编制试验方案

将各考察因素每列中的数字换成相应的水平实际值，安排因素交互作用的列对于试验方案编制以及实施没有影响，因此单独将因素所在列提取出作为试验方案。

例 3-4　为提高某材料制备得率，考察 A、B、C 和 D 四个试验因素，并考虑其交互作用 $A\times B$。

选用正交表$L_8(2^7)$安排试验，试验因素水平表见表 3-10。

表 3-10　试验因素水平表

水平	因素			
	A	B	C	D
1	8	1	12	12
2	12	2	16	14

表 3-11 为正交试验设计方案及试验结果极差分析。

表 3-11　正交试验设计方案及试验结果极差分析

试验号	因素							试验指标
	A	B	$A\times B$	C			D	得率 /g
1	1	1	1	1	1	1	1	10.17
2	1	1	1	2	2	2	2	8.16
3	1	2	2	1	1	2	2	10.86
4	1	2	2	2	2	1	1	8.30
5	2	1	2	1	2	1	2	7.74
6	2	1	2	2	1	2	1	8.20
7	2	2	1	1	2	2	1	10.50
8	2	2	1	2	1	1	2	9.76
y_{j1}	37.49	34.27	38.59	39.27	—	—	37.17	
y_{j2}	36.20	39.42	35.10	34.42	—	—	36.52	
$\overline{y}_{j1}$	9.37	8.57	9.65	9.82	—	—	9.29	
$\overline{y}_{j2}$	9.05	9.86	8.78	8.61	—	—	9.13	
R_j	0.32	1.29	0.87	1.21	—	—	0.16	
主次因素	$B>C>A\times B>A>D$							
优水平	$A_1\,B_2\,C_1\,D_1$							

相比于试验设计的基本方法进行极差分析，有交互作用的试验设计极差分析时，需要通过二元表计算交互作用显著的两因素的不同搭配所对应的试验指标平均值，并判断优搭配；必须综合考虑交互作用的优搭配和因素的优水平，最后确定最优组合。表 3-12 是考察 $A\times B$ 的二元表，由该二元表可知，A_2B_2 为优搭配。优搭配为主，最优组合为 $A_2B_2C_1D_1$。

表 3-12　考察 $A\times B$ 的二元表

		B	
		B_1	B_2
A	A_1	9.17	9.58
	A_2	7.97	10.13

3.2.5　水平不等的试验设计

在多因素试验中，常会遇到试验因素水平不相等的情况，通常有以下一些方法安排试验因素。

1. 直接选用混合型正交表

如果不考察这些因素间的相互作用，通常可以直接选用混合型正交表进行正交设计。

例 3-5　为提高某具有仿生结构材料的耐磨性，选择该材料仿生结构的深度、仿生结构的形状、仿生结构的宽度、仿生结构的间距为试验因素。因素水平表见表 3-13。

表 3-13　仿生结构材料耐磨性试验因素水平表

水平	因素			
	A 深度 /mm	B 形状	C 宽度 /mm	D 间距 /mm
1	2	V 形	1	1
2	3	U 形	1.5	2
3	4			

选择$L_{12}(3^1\times 2^4)$混合型正交表安排试验，试验结果的分析计算大体上与试验设计的基本方法相同。但由于因素的水平数不同，水平隐藏重复次数不等，水平取值范围也可能差异较大，对极差 R 有一定影响，为消除这种影响，需要用一个系数把极差 R 折算后再比较，即用R'_j代替。$R'_j=d_bR_j$，d_b为修正系数，可由表 3-14 修正系数表查得。用R'_j确定的主次因素也只具有相对意义，还要结合专业和生产实际综合考虑。

表 3-14　修正系数表

b	2	3	4	5	6	7	8	9	10
d_b	0.71	0.52	0.45	0.40	0.37	0.35	0.34	0.32	0.31

表 3-15 为正交试验方案及结果分析。由表 3-15 可知，因素主次顺序是 $D>B>C>A$；优水平的组合为 $A_2B_2C_2D_2$，即为本试验的最优组合。

表 3-15　正交试验方案及结果分析

试验号	因素				试验指标
	A	B	C	D	磨损量 /g
1	1	1	1	1	51.40
2	1	1	1	2	49.00
3	1	2	2	1	49.80
4	1	2	2	2	42.80
5	2	1	2	1	50.60
6	2	1	2	2	41.50
7	2	2	1	1	43.60
8	2	2	1	2	47.90
9	3	1	2	1	49.70
10	3	1	1	2	47.90
11	3	2	1	1	49.80
12	3	2	2	2	43.30
y_{j1}	193.00	290.10	289.60	294.90	
y_{j2}	183.60	277.20	277.70	272.40	
y_{j3}	190.70	—	—	—	
$\bar{y}_{j1}$	48.25	48.35	48.27	49.15	
$\bar{y}_{j2}$	45.90	46.20	46.28	45.40	
$\bar{y}_{j3}$	47.68	—	—	—	
R_j	2.35	2.15	1.98	3.75	
R'_j	1.22	1.53	1.41	2.66	

2. 并列法

并列法是指将 b 水平正交表的任意两列合并，同时划去相应的交互作用列，排成一个 b^2水平的新列。并列法主要应用于将多水平因素安排到少水平的标准表上，并可考察交互作用。一个 b 水平因素和一个 k 水平因素的交互作用应占二水平正交表的（b–1）×（k–1）列。所占列号仍由并列前标准表的交互列表确定。

例 3-6　对于 4×2^3 试验，考察 A、B、C、D 四个因素，其中 A 因素有 4 个水平，其余三个因素为二水平，并且考虑 $A \times B$，$A \times C$，$B \times C$。

对于四水平因素 A，其自由度为 3，二水平正交表的每一列自由度为 1，按照自由度原则，如将四水平因素安排在二水平正交表中，需要占二水平正交表的 3 列。因此，采用并列法将二水平正交表中的 1、2 两列合并，并删去其交互列第 3 列，形成新的四水平列。新水平的形成规则为：（1，1）→ 1，（1，2）→ 2，（2，1）→ 3，（2，2）→ 4。

表 3-16 为 4×2^3 试验表头设计。表 3-17 为 L_{16}（2^{15}）采用并列法后的正交表。

表 3-16　4×2^3试验表头设计

因素	A			B	A×B			C	A×C			B×C	D		
列号	1	2	3	4	5	6	7	8	9	10	11	12	13	14	15

表 3-17　L_{16}（2^{15}）采用并列法后的正交表

试验号	列号														
	1	2	3	4	5	6	7	8	9	10	11	12	13	14	15
1	1			1	1	1	1	1	1	1	1	1	1	1	1
2	1			1	1	1	1	2	2	2	2	2	2	2	2
3	1			2	2	2	2	1	1	1	1	2	2	2	2
4	1			2	2	2	2	2	2	2	2	1	1	1	1
5	2			1	1	2	2	1	1	2	2	1	1	2	2
6	2			1	1	2	2	2	2	1	1	2	2	1	1
7	2			2	2	1	1	1	1	2	2	2	2	1	1
8	2			2	2	1	1	2	2	1	1	1	1	2	2
9	3			1	2	1	2	1	2	1	2	1	2	1	2
10	3			1	2	1	2	2	1	2	1	2	1	2	1
11	3			2	1	2	1	1	2	1	2	2	1	2	1
12	3			2	1	2	1	2	1	2	1	1	2	1	2
13	4			1	2	2	1	1	2	2	1	1	2	2	1
14	4			1	2	2	1	2	1	1	2	2	1	1	2
15	4			2	1	1	2	1	2	2	1	2	1	1	2
16	4			2	1	1	2	2	1	1	2	1	2	2	1

3. 赋闲列法

某些因素的交互作用可能存在，但又不明确时，将这些交互作用放在同一列，并闲置此列，这种方法就是赋闲列法。赋闲列法可以减少正交表不起作用的列数，提高正交表列的利用率，减少试验次数。表 3-18 为 2^6 试验采用赋闲列法的表头设计。该试验中的交互作用不考察，但是存在，为避免与因素混杂，对正交表第 1 列进行赋闲，用于安排交互作用。赋闲列法只适合于标准二水平正交表，并且必须按照交互列表设计；赋闲的列既不能考察交互作用也不能考察误差。

表 3-18　2^6 试验赋闲列法表头设计

因素	$E\times F$ $C\times D$ $A\times B$	A	B	C	D	E	F
列数	1	2	3	4	5	6	7

4. 部分追加法

在试验中，将某一因素再添加若干个水平，追加几个试验点，以便更全面地考察该因素的作用，这种方法称为部分追加法。部分追加法主要应用于试验后发现某一因素对试验指标的影响特别重要或者有某种趋势需要进一步考察，也适用于仅有一个因素水平较多而其他因素水平较少且相同的试验设计。

例 3-7　3×2^2因素试验，因素 A 三水平，因素 B、C 二水平，不考察交互作用。

设计方案时先不考虑 A_3，把 A_1 和 A_2 同因素 B、C 的两个水平安排在$L_4(2^3)$正交表，得到基本表，见表 3-19。

用 A_3 代换基本表中的 A_1，而 B、C 各水平不动，又得到一张方案表，见表 3-20，表 3-20 称为追加法的追加表。A_1 称为该次追加试验的代换水平，A_2 称为该次追加试验的非代换水平。

表 3-19 和表 3-20 中的 3、4 号试验相同，实际可以不必重做，$y_3'=y_3$，$y_4'=y_4$。表 3-19 和表 3-20 合并，即为部分追加法的试验方案，见表 3-21。结果分析用来判断因素主次。

表 3-19　追加法的基本表

试验号	因素			y_i
	(1) A	(2) B	(3) C	
1	(1) A_1	(1) B_1	(1) C_1	y_1
2	(1) A_1	(2) B_2	(2) C_2	y_2
3	(2) A_2	(1) B_1	(2) C_2	y_3
4	(2) A_2	(2) B_2	(1) C_1	y_4

表 3-20　追加法的追加表

试验号	因素			y_i
	(1) A	(2) B	(3) C	
1	(1) A_3	(1) B_1	(1) C_1	y_1'
2	(1) A_3	(2) B_2	(2) C_2	y_2'
3	(2) A_2	(1) B_1	(2) C_2	y_3'
4	(2) A_2	(2) B_2	(1) C_1	y_4'

表 3-21 部分追加法试验方案及结果分析

试验号		因素			y_i	y_i'
		(1) A	(2) B	(3) C		
基本试验	1	(1) A_1	(1) B_1	(1) C_1	y_1	y_1
	2	(1) A_1	(2) B_2	(2) C_2	y_2	y_2
	3	(2) A_2	(1) B_1	(2) C_2	y_3	$2y_3$
	4	(2) A_2	(2) B_2	(1) C_1	y_4	$2y_4$
追加试验	5	(1) A_3	(1) B_1	(1) C_1	$y_5=y_1'$	y_5
	6	(1) A_3	(2) B_2	(2) C_2	$y_6=y_2'$	y_6
$\bar{y}_{j1}$		$\frac{y_1+y_2}{2}$	$\frac{y_1+2y_3+y_5}{4}$	$\frac{y_1+2y_4+y_5}{4}$		
$\bar{y}_{j2}$		$\frac{2y_3+2y_4}{4}$	$\frac{y_2+2y_4+y_6}{4}$	$\frac{y_2+2y_3+y_6}{4}$		
$\bar{y}_{j3}$		$\frac{y_5+y_6}{2}$	—	—		

5. 拟水平法

拟水平法是对水平较少的因素虚拟一个或几个水平，使之与正交表相应列的水平数相等。虚拟的水平就称为拟水平，适用于在多水平正交表上安排水平较少的因素。

例 3-8 表 3-22 为某试验的试验因素水平表。因素 A 只取 2 个水平，因素 B、C、D 取 3 个水平，通过拟水平正交试验进行试验方案设计。

为匹配$L_9(3^4)$正交表，将因素 A 的一水平虚拟为三水平，变因素 A 为三水平，使用$L_9(3^4)$正交表安排试验方案。试验方案及试验结果见表 3-23。

表 3-22 试验因素水平表

水平	因素			
	A	B	C	D
1	10	4	65 : 35	0.8
2	20	5	75 : 25	0.9
3	—	6	85 : 15	1.0

试验结果分析时可以将因素 A 按照二水平因素进行计算，即该试验采用不等水平因素试验分析方法进行试验结果处理，分析结果见表 3-24。也可以按照等水平因素试验来进行分析，此时因素 A 为三水平因素，分析结果见表 3-25。

表 3-23 试验方案及试验结果

试验号	因素				综合评分
	A	B	C	D	
1	10	4	65：35	0.8	60
2	10	5	75：25	0.9	65
3	10	6	85：15	1.0	75
4	20	4	75：25	1.0	50
5	20	5	85：15	0.8	85
6	20	6	65：35	0.9	75
7	(10)	4	85：15	0.9	70
8	(10)	5	65：35	1.0	55
9	(10)	6	75：25	0.8	80

表 3-24 不等水平因素试验分析结果

	因素			
	A	B	C	D
y_{j1}	405	180	190	225
y_{j2}	210	205	195	210
y_{j3}	—	230	230	180
$\bar{y}_{j1}$	67.5	60.0	63.3	75.0
$\bar{y}_{j2}$	70.0	68.3	65.0	70.0
$\bar{y}_{j3}$	—	76.7	76.7	60.0
R_j	2.5	16.7	13.4	15.0
R'_j	1.8	8.7	7.0	7.8
主次因素	$B>D>C>A$			
优搭配	$A_2B_3C_3D_1$			

表 3-25 等水平因素试验分析结果

	因素			
	A	B	C	D
y_{j1}	200	180	190	225
y_{j2}	210	205	195	250
y_{j3}	205	230	230	180
$\bar{y}_{j1}$	66.7	60.0	63.3	75.0

（续）

	因素			
	A	B	C	D
$\bar{y}_{j2}$	70.0	68.3	65.0	70.0
$\bar{y}_{j3}$	68.3	76.7	76.7	60.0
R_j	3.3	16.7	13.4	15.0
主次因素	$B>D>C>A$			
优搭配	$A_2B_3C_3D_1$			

6. 组合法

把两个水平较少的因素组合成一个水平较多的因素，并将其安排到多水平正交表中的设计方法称为组合因素法，简称组合法。

例 3-9　采用组合法安排$3^2\times2^2$因素试验，A、B 是三水平因素，C、D 是二水平因素，各因素间交互作用均可忽略，试验指标越大越好。

将因素 C 和因素 D 组成一个三水平因素$\overline{CD}$，因素$\overline{CD}$的水平 1、2、3 分别对应 C 和 D 的水平组合（1，1）、（1，2）、（2，1），于是将三水平因素 A、B 和$\overline{CD}$安排在$L_9(3^4)$正交表的 1、2、4 列。

试验结果分析时，非组合因素的各项计算与分析同前述方法一样。对于组合因素$\overline{CD}$，当忽略 C、D 间交互作用时，因素 C 与因素 D 的主次通过计算因素 C 的极差$R_C=\left|\bar{y}_{CD_1}-\bar{y}_{CD_3}\right|$和因素 D 的极差$R_D=\left|\bar{y}_{CD_1}-\bar{y}_{CD_2}\right|$判断。若$\bar{y}_{CD_1}>\bar{y}_{CD_3}$，则 C_1 为优水平；若$\bar{y}_{CD_2}>\bar{y}_{CD_1}$，则 D_2 为优水平。

7. 直积法

先将两组不同性质的因素分别安排于两个合适的正交表，然后将两表直接乘起来构成试验方案的设计方法叫作直积法。表 3-26 为 3 个二水平因素和 4 个三水平因素采用直积法的试验方案。

直积法的特点是每张正交表内的因素组合较少，而且两表间的因素组合是全面试验，可以用于考察组间因素众多的交互作用，如可以计算$\bar{y}_{A_2D_1}=\dfrac{y_{13}+y_{14}+y_{23}+y_{24}+y_{33}+y_{34}}{6}$。

8. 拟因素法

综合利用并列法、赋闲列法和拟水平法将若干个多水平因素同时安排于一个少水平的标准表上的方法为拟因素法，用于解决不等水平多因素试验问题，同时还可以考察交互作用。拟因素法常用于把三水平因素安排在二水平标准表中的多因素试验。

表 3-26 $L_4(2^3)\times L_9(3^4)$直积法试验方案

					因素 C (3)	1	2	2	1
					因素 B (2)	1	2	1	2
					因素 A (1)	1	1	2	2
试验号	因素 D (1)	因素 E (2)	因素 F (3)	因素 G (4)	试验号	1	2	3	4
1	1	1	1	1		y_{11}	y_{12}	y_{13}	y_{14}
2	1	2	2	2		y_{21}	y_{22}	y_{23}	y_{24}
3	1	3	3	3		y_{31}	y_{32}	y_{33}	y_{34}
4	2	1	2	3		y_{41}	y_{42}	y_{43}	y_{44}
5	2	2	3	1		y_{51}	y_{52}	y_{53}	y_{54}
6	2	3	1	2		y_{61}	y_{62}	y_{63}	y_{64}
7	3	1	3	2		y_{71}	y_{72}	y_{73}	y_{74}
8	3	2	1	3		y_{81}	y_{82}	y_{83}	y_{84}
9	3	3	2	1		y_{91}	y_{92}	y_{93}	y_{94}

例 3-10 采用拟因素法安排$4^1\times 3^2\times 2^5$因素试验。因素 A 是四水平因素，且二次效应小，因素 B、C 是三水平因素，因素 D、E、F、G、H 是二水平因素，交互作用除 $B\times D$ 外均可忽略。

由自由度原则，计算该试验应选择的最小试验次数，即

$$n=\sum f_{因}+\sum f_{交}+1=f_A+f_B+f_C+f_D+f_E+f_F+f_G+f_H+f_{B\times D}+1$$
$$=(b_A-1)+2(b_B-1)+5(b_D-1)+(b_B-1)(b_D-1)+1=15$$

选择二水平标准表$L_{16}(2^{15})$安排试验方案，因素 A 是四水平因素，采用并列法安排。因素 B、C 均是三水平因素，每一因素需要二水平正交表的两列才能安排。采用拟因素法安排因素 B、C（赋闲列法将 2、3 两列和 4、5 两列分别并列，并赋闲其交互列第 1 列，形成两个四水平列，将因素 B、C 的二水平虚拟为新形成四水平列中的四水平），将 6、7 两列并列，并赋闲其交互列第 1 列，形成四水平列，安排因素 A，表头设计见表 3-27。

表 3-27 $4^1\times 3^2\times 2^5$试验表头设计

因素	赋闲	B		C		A		D		$B\times D$		E	F	G	H
列号	1	2	3	4	5	6	7	8	9	10	11	12	13	14	15

拟因素进行自由度计算时，拟水平增加因素的自由度，1 个因素拟 1 个水平使因素增加 1 个自由度；赋闲列减少因素与交互作用的自由度，有 m 个因素共用赋闲列，则其自由度减少 m–1 个。因素 B、C 各拟 1 个水平，自由度增加 2，因素 A、B、C 共用一个赋闲列，自由度减少 3–1=2 个，因此总自由度还是 14。

采用拟因素法将三水平因素安排在二水平正交表时，第 j 拟因素的优水平由$\overline{y}'_{jk}$的大小

判断，其计算公式为

$$\overline{y}'_{j1} = \overline{y}_{j1} - \omega_f$$
$$\overline{y}'_{j2} = \overline{y}_{j2} = \frac{1}{2}(\overline{y}_{j2上} + \overline{y}_{j2下})$$
$$\overline{y}'_{j3} = \overline{y}_{j3} + \omega_f$$

$$R_j = \max\{\overline{y}'_{j1}, \overline{y}'_{j2}, \overline{y}'_{j3}\} - \min\{\overline{y}'_{j1}, \overline{y}'_{j2}, \overline{y}'_{j3}\}$$

式中，$\omega_f = \frac{1}{2}(\overline{y}_{j2上} - \overline{y}_{j2下})$，是因素 j 修正项，是为消除试验干扰而进行的修正；$\overline{y}_{j2上}$是因素 j 二水平在正交表上半试验号所对应的试验指标平均值；$\overline{y}_{j2下}$是因素 j 二水平在正交表的下半试验号所对应的试验指标平均值。本例中，因素 j 对应着因素 B、C。

3.3　材料均匀试验设计

正交试验设计利用正交表安排试验方案，基于正交表的正交性、均衡分散性，使其试验点具有代表性，因此能够以代表性的试验实施来获得尽可能多的试验信息，这就极大减少了试验次数。即便如此，正交表安排试验方案时，由于综合可比性，任意两个因素组合均需出现，也即任意两个试验因素需要进行全面试验，虽然组合处理没有重复出现，但是每个因素的水平有重复。随着多因素多水平试验越来越多，即便采用正交试验设计，其试验次数依然过多。针对这一问题，我国著名数学家方开泰教授和王元院士提出了均匀设计的试验方法。均匀设计是只考虑试验点在试验范围内均匀散布，而不考虑正交设计的综合可比性，因此均匀设计的试验点分布的均匀性会比正交设计试验点的均匀性更好，试验点具有更好的代表性，大大减少了试验次数。

3.3.1　均匀表及其性质

均匀设计和正交试验设计一样，利用一定的表格来安排试验方案，均匀设计所利用的表格是均匀表。均匀设计表用 U_n（q^s）表示，其中，U 代表均匀设计，n 代表要做的试验次数，q 代表每个因素有 q 个水平，s 代表该表有 s 列。表 3-28 是均匀表 U_5（5^4），其表示用该表需要做 5 次试验，该表有 4 列，每列可以安排因素的水平数为 5。

表 3-28　均匀表 U_5（5^4）

试验号	列号			
	1	2	3	4
1	1	2	3	4
2	2	4	1	3
3	3	1	4	2
4	4	3	2	1
5	5	5	5	5

均匀表有以下特点：

1）均匀表的行数与水平数相同，如果安排因素，则在每个因素的每个水平上做一次试验。

2）任意两个因素的试验点在平面的格子点上，每行每列恰好有一个试验点。表 3-28 的 U_5（5^4）均匀表，其任意两列水平组合在平面格子上的分布如图 3-6 所示，每行每列只有一个点。图 3-6a 为第 1 列和第 3 列水平组合试验点分布，图 3-6b 为第 1 列和第 4 列水平组合试验点分布。

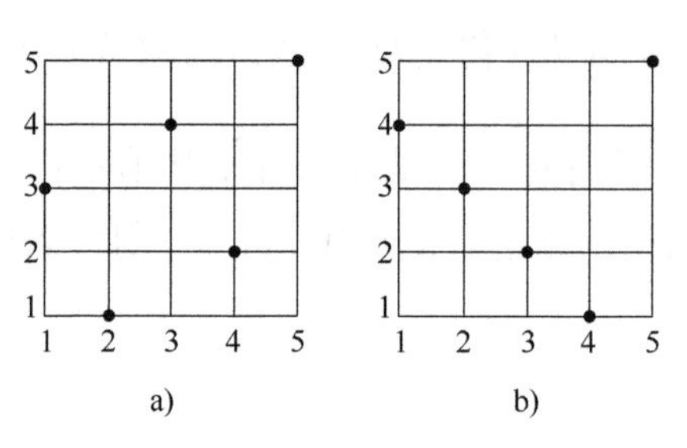

图 3-6 均匀表水平组合试验点分布

3）均匀表任意两列之间不一定平等，如图 3-6 所示的点分布的均匀性有差异。因此，均匀设计时应该选择均匀性较好的列安排因素。所以，每个均匀表都有一个使用表，用于建议如何选择适当的列。表 3-29 为 U_5（5^4）的使用表。

表 3-29 U_5（5^4）的使用表

因素数	列号			
2	1	2	—	—
3	1	2	4	—
4	1	2	3	4

由使用表可以安排相应数量因素所在的列。如用 U_5（5^4）安排试验时，若因素个数为 2，则安排在第 1、2 列；如因素个数为 3，则安排在第 1、2、4 列。

4）水平数为奇数的均匀表与水平数为偶数的均匀表之间具有确定的关系。只需将奇数表划去最后一行，就得到水平数比原奇数表少 1 的偶数表，相应地试验次数也少 1 次，而使用表不变。表 3-30 和表 3-31 分别是均匀表 U_7（7^4）和 U_6（6^4）。

表 3-30 均匀表 U_7（7^4）

试验号	列号			
	1	2	3	4
1	1	2	3	6
2	2	4	6	5
3	3	6	2	4
4	4	1	5	3

（续）

试验号	列号			
	1	2	3	4
5	5	3	1	2
6	6	5	4	1
7	7	7	7	7

表 3-31　均匀表 $U_6(6^4)$

试验号	列号			
	1	2	3	4
1	1	2	3	6
2	2	4	6	5
3	3	6	2	4
4	4	1	5	3
5	5	3	1	2
6	6	5	4	1

5）对于等水平均匀表，其试验次数与该表的水平数相等，均匀设计中增加因素水平仅使试验的工作量有微小的增加。

3.3.2　均匀设计

均匀设计是使试验点在试验因素空间内均匀散布的一种试验设计方法。均匀设计基本模式与正交设计类似，但不考虑因素间的交互作用，主要依赖因素水平表，并按均匀表的使用表安排试验方案。

均匀设计的步骤与正交试验设计类似，有以下步骤。

1）明确试验目的，确定试验指标。

2）选择试验因素。选择对试验指标影响大的因素进行试验。

3）确定因素水平。根据实际经验与专业知识，确定各因素取值范围，在该范围内设置相应的水平。

4）选择合适的均匀表。均匀设计的均匀表一般根据因素的水平以及因素个数选择。

5）表头设计。均匀设计的表头设计需要结合均匀表的使用表进行，按照因素个数将因素安排在相应列中。值得注意的是，均匀设计中，均匀表中的空列，既不能考察交互作用又不能用来估计试验误差，因此在分析试验结果时无须列出。

6）依据试验方案实施试验。

7）试验结果分析。均匀设计的试验结果分析不能采用方差分析方法，只能采用直观观察或者回归分析方法。

例 3-11　研究镍铁氧体主要合成因素与磁性参数之间的关系。

镍铁氧体（$NiFe_2O_4$）是具有反尖晶石结构的软磁材料，应用于生物医学、磁热效应制冷和气体传感器等领域。镍铁氧体采用溶胶－凝胶自蔓延法进行合成。试验指标为饱和磁化强度，氯化胆碱－乙二醇含量（x_1）、pH（x_2）、柠檬酸与金属离子物质的量比（x_3）为试验因素，每个因素取5个水平。采用均匀表 U_5（5^4）进行均匀设计，表头设计选择均匀表 U_5（5^4）的1、2、4三列安排因素。其试验方案见表3-32。

表3-32　试验方案

试验号	因素			饱和磁化强度/（emu/g）
	x_1	x_2	x_3	
1	0	6	1.3	34.43
2	25	8	1.2	44.22
3	50	5	1.1	35.73
4	75	7	1.0	40.02
5	100	9	1.4	44.73

注：emu/g是CGS制下磁化强度的单位，当材料相对磁导率为1时，1emu/g=1A/m。

均匀设计结果分析不能采用一般的方差分析方法，通常要用回归分析或逐步回归分析的方法。

对于线性回归模型

$$\hat{y}=b_0+b_1x_1+b_2x_2+\cdots+b_mx_m$$

令 x_{ik}、x_{ij} 代表因素 x_k、x_j 在第 i 次试验时取的值，y_i 表示响应值 y 在第 i 次试验的结果。

$$L_{kj}=\sum_{i=1}^{n}(x_{ik}-\bar{x}_k)(x_{ij}-\bar{x}_j)\qquad(k,j=1,2,\cdots,m)$$

$$L_{ky}=\sum_{i=1}^{n}(x_{ik}-\bar{x}_k)(y_i-\bar{y})\qquad(k=1,2,\cdots,m)$$

$$L_{yy}=\sum_{i=1}^{n}(y_i-\bar{y})^2$$

$$\bar{x}_k=\frac{1}{n}\sum_{i=1}^{n}x_{ik}\qquad(k=1,2,\cdots,m)$$

$$\bar{y}=\frac{1}{n}\sum_{i=1}^{n}y_i$$

则回归模型的系数由下列方程组求出，即

$$\begin{cases}L_{11}b_1+\cdots+L_{1m}b_m=L_{1y}\\L_{21}b_1+\cdots+L_{2m}b_m=L_{2y}\\\quad\vdots\\L_{m1}b_1+\cdots+L_{mm}b_m=L_{my}\end{cases}$$

$$b_0 = \overline{y} - \sum_{k=1}^{m} b_k \overline{x}_k$$

当各因素与响应值为非线性关系时，或存在因素的交互作用时，可采用多项式回归分析的方法。

例如，各因素与响应值均为二次关系时的回归方程为

$$y = b_0 + \sum_{k=1}^{m} b_k x_k + \sum_{k=1}^{T} b_{kj} x_k x_j + \cdots + \sum_{k=1}^{m} b_{kk} x_k^2$$

通过变量代换，令 $x_l = x_k x_j$（k=1，2，…，m；$j \geqslant 1$），则有

$$\hat{y} = b_0 + \sum_{l=1}^{2m+T} b_l x_l \quad (T = \mathrm{C}_m^2)$$

思　考　题

3-1　正交表的性质是什么？什么是正交性？

3-2　正交试验的基本步骤是什么？

3-3　什么叫作交互作用？有交互作用的正交试验应如何安排？试验结果又如何分析？

3-4　有交互作用的正交试验和无交互作用的正交试验的结果分析有何共同点和不同点？

3-5　正交试验中三个因素 A、B、C 有如下计算结果：y_{A_1}，y_{A_2}分别为 31，61；y_{B_1}，y_{B_2}分别为 35，55；y_{C_1}，y_{C_2}分别为 29，57。判断因素主次顺序。

3-6　选用哪张正交表，采用哪种设计方法，可使下列因素试验的表头设计最优？试列出表头设计，并计算其部分实施。

1）试验中，要考察 A、B、C、D 四个因素的影响，其中因素 A 取四水平，因素 B、C、D 均取二水平，考察交互作用 $A \times B$、$A \times C$。

2）$3^3 \times 2^2$，其中 A、B、C 为三水平，且二次效应小，D、E 为二水平，考察 $A \times D$，$B \times D$，$C \times D$。

3）$3^2 \times 6 \times 2^2$，其中 A、B 为三水平，D 为六水平，且二次效应小，C、E 为二水平，考察 $A \times E$。

3-7　已知某正交试验方案及试验指标见表 3-33。试用极差分析法分析试验结果（要求试验指标越小越好），得出最优组合与因素主次顺序。

表 3-33　题 3-7 表

试验号	因素				
	A（1）	B（2）	C（3）	D（4）	y_i
1	1	1	1	1	42
2	1	2	2	2	32
3	1	3	3	3	20
4	2	1	2	3	30
5	2	2	3	1	35

（续）

试验号	因素				
	A (1)	B (2)	C (3)	D (4)	y_i
6	2	3	1	2	17
7	3	1	3	2	15
8	3	2	1	3	18
9	3	3	2	1	22

3-8　正交表的自由度、因素的自由度和交互作用的自由度如何计算？

3-9　均匀设计的基本思想是什么？均匀表有哪些性质？

第 4 章

材料稳健试验设计

4.1 材料稳健设计的基本概念

材料稳健设计是使干扰对材料的设计、开发、制造和使用的作用效果最小，使质量特性达到最优的设计，目的是通过尽量弱化各种干扰的作用，使材料的质量特性不因干扰的影响而变化。

4.1.1 特性值

材料的质量常通过对特定的功能、特性的测定或测量所得数值来评定，这一数值叫作质量特性值。

4.1.2 质量损失

1. 质量波动

质量波动，是指材料质量特性的变化。

2. 质量干扰

产生质量波动的原因即为质量干扰。

3. 质量损失函数

田口玄一认为“产品的质量就是该产品对社会带来的损失”，损失越小，则质量越高。材料质量损失是使用质量特性与目标值不同的材料时社会承受的损失，用二次质量损失函数$L(y)$表征，即

$$L(y) = K(y-m)^2$$

式中，y是材料的性能指标；m是材料性能指标的目标值；K是质量损失系数。

若 y 偏离 m 就会给用户带来损失，偏离越大，损失越大。

采用平均损失$EL(y)$衡量质量损失的大小，即

$$EL(y)=E(y-m)^2=E\{[y-E(y)]+[E(y)-m]\}^2=E[y-E(y)]^2+E[E(y)-m]^2=\sigma^2+\delta^2$$

式中，$\delta=|E(y)-m|$是指标均值对目标值的绝对偏差；σ^2是指标的方差，用于度量指标波动的大小。

降低平均损失有两个步骤：第一步减小波动σ^2，使材料质量较为稳定，该步骤称为稳健设计；第二步减小偏差δ，使指标的均值向目标值靠拢，该步骤称为灵敏度设计。

4.1.3 内表因素和外表因素

稳健试验设计中，因素分为内表因素和外表因素。内表因素有控制因素和标示因素；外表因素有信号因素和误差因素。

1. 控制因素

控制因素是指水平可以严格控制的因素，是以改进质量特性、选出最佳水平为直接目的而提出考察的因素。

2. 标示因素

标示因素是指材料必须经历的环境和使用条件，其水平可以指定，但是不能任意选择与控制。它们一般是一些与试验环境、使用条件等有关的因素，具体的有材料的使用条件、时间、设备差别和操作人员差别等。

3. 信号因素

稳健设计中，为使目的特性值尽量接近目标值，需对某些因素进行操纵或调整，作为调整手段的因素叫作信号因素。

在一定范围内可以自由选择信号因素的水平时，此信号因素为主动型信号因素；不能自由选择信号因素水平时，此信号因素为被动型信号因素。

4. 误差因素

引起产品功能波动的产品间干扰、外干扰和内干扰均为误差因素，包括：

1）外部噪声。由温度、湿度等外部条件引起的波动，影响材料机能的可靠性。

2）内部噪声。产品在存储和使用过程中，由内部发生劣化、磨损等引起的波动，影响材料机能的稳定性。

3）材料间噪声。由相同规格材料间的差异引起的波动，即随机干扰，影响材料机能的均一性。

4.2 SN 比试验

4.2.1 SN 比

在材料稳健设计中，材料质量特性 y 为随机变量，其期望为μ，方差为σ^2。信噪（SN）比η是指因素的主效应与误差效应的比值，即

$$\eta = \frac{\mu^2}{\sigma^2} = \frac{\bar{y}}{\hat{\sigma}^2}$$

式中，$\bar{y}$是样本均值；$\hat{\sigma}^2$是样本偏差值。

实际计算中，取η的 10 倍对数值，以分贝（dB）为单位，即

$$\eta = 10\lg\frac{\bar{y}}{\hat{\sigma}^2}$$

SN 比是稳健设计中用以度量材料质量特性的稳健性指标，描述抵抗内外干扰因素所引起的质量波动的能力，是测量质量的一种尺度，信噪比越大表示材料越稳健。

4.2.2　望目特性的 SN 比

质量特性 y 围绕目标值 m 上下波动，并且波动越小越好，则 y 称为望目特性，如材料的几何尺寸等。望目特性的 SN 比有

$$\eta = 10\lg\frac{\frac{1}{n}(S_m - V_e)}{V_e}$$

式中，$S_m = n\bar{y}^2$，是望目特性平均值的波动；$V_e = \frac{1}{n-1}\sum_{i=1}^{n}(y_i - \bar{y})^2$，是误差方差$\sigma^2$的估计值。

4.2.3　望小特性的 SN 比

质量特性 y 不取负值，希望特性值越小越好，且波动越小越好，则 y 称为望小特性。其期望值为 0，如材料的测量误差。望小特性的 SN 比有

$$\eta = 10\lg\left(\frac{n}{\sum_{i=1}^{n} y_i^2}\right)$$

4.2.4　望大特性的 SN 比

质量特性 y 不取负值，希望特性值越大越好，且波动越小越好，则 y 称为望大特性。其期望值为∞，如材料强度、使用寿命等。望大特性的 SN 比有

$$\eta = -10\lg\left(\frac{1}{n}\sum_{i=1}^{n}\frac{1}{y_i^2}\right)$$

4.2.5　SN 比试验设计

例 4-1　减少材料磨损的 SN 比试验设计。

试验选择压力 A、负载 B、表面粗糙度 C、润滑油 D 和材质 E，同时考察 $A \times B$ 和 $A \times C$，质量特性值 y 为磨损量且越小越好。试验方案及结果分析见表 4-1，从材料的 8 个不同位置测取磨损量。

表 4-1　试验方案及结果分析

试验号	因素							磨损量 y/μm								η_i/dB
	A	B	$A\times B$	C	$A\times C$	D	E	y_1	y_2	y_3	y_4	y_5	y_6	y_7	y_8	
1	1	1	1	1	1	1	1	12	12	10	13	3	3	16	20	−21.9
2	1	1	1	2	2	2	2	6	10	3	5	3	4	20	18	−20.6
3	1	2	2	1	1	2	2	9	10	5	4	2	1	3	2	−14.8
4	1	2	2	2	2	1	1	8	8	5	4	3	4	9	9	−16.5
5	2	1	2	1	2	1	2	16	14	8	8	3	2	20	33	−24.2
6	2	1	2	2	1	2	1	18	26	4	2	3	3	7	10	−21.7
7	2	2	1	1	2	2	1	14	22	7	5	3	4	19	21	−23.0
8	2	2	1	2	1	1	2	16	13	5	4	11	4	14	30	−23.3
η_{j1}	−73.8	−88.4	−88.8	−83.9	−81.7	−85.9	−83.1									
η_{j2}	−92.2	−77.6	−77.2	−82.1	−84.3	−80.1	−82.9									
$\varDelta_j$	18.4	10.8	11.6	1.8	2.6	5.8	0.2									
S_j	42.32	14.58	16.82	0.40	0.84	4.21	0.00									
F_j	102.39	35.27	40.69	—	—	10.19	—									
α_j	0.01	0.01	0.01	—	—	0.05	—									
主次因素	$A>A\times B>B>D>A\times C>C>E$															
优水平	A_1、B_2、C_2、D_2、E_2															
优搭配	A_1B_2															
最优组合	$A_1B_2C_2D_2E_2$															

$$\sum_{i=1}^{8}\eta_i=-166.00$$

$$S=\sum_{i=1}^{8}\eta_i^2-\frac{1}{8}\left(\sum_{i=1}^{8}\eta_i\right)^2=79.18$$

$$f=7$$

$$S_e=S_C+S_{A\times C}+S_E=1.24$$

$$f_e=3$$

$$F_{0.05}(1,3)=10.13$$

（1）计算 SN 比　磨损量目标值为 0，因此，采用望小特性的 SN 比公式计算 SN 比。对于第 1 号试验有

$$\eta = 10\lg \frac{8}{12^2+12^2+10^2+13^2+3^2+3^2+16^2+20^2}\text{dB}=-21.9\text{dB}$$

依次对其他各号试验进行计算。

（2）方差分析　方差分析结果见表 4-1。

（3）选最优组合　各因素优水平分别是 A_1、B_2、C_2、D_2、E_2，优搭配是 A_1B_2，因此最优组合是 $A_1B_2C_2D_2E_2$。

4.3　内外表因素参数设计

参数设计通常以正交表为基本工具，运用 SN 比试验设计技术，配置内外两侧正交表进行设计和分析。内侧正交表简称内表，配列控制因素和标示因素；外侧正交表简称外表，配列信号因素和误差因素

4.3.1　直积内外表

例 4-2　降低某复合材料中某种不纯成分的质量设计。

（1）选择控制因素及其水平，配列内表　控制因素及水平见表 4-2，并需要考察 $A\times D$ 和 $C\times D$。内表设计见表 4-3。

表 4-2　控制因素水平表

水平	因素				
	A 炉料配比	B 焦比	C 冶炼时间	D 风温	E 风量
1	现行方案	现行方案	现行时间	现行规定	现行规定
2	新方案	新方案	新定时间	新规定	新规定

表 4-3　内表设计

试验号	因素						
	D	A	$A\times D$	C	$C\times D$	E	B
1	1	1	1	1	1	1	1
2	1	1	1	2	2	2	2
3	1	2	2	1	1	2	2
4	1	2	2	2	2	1	1
5	2	1	2	1	2	1	2

（续）

试验号	因素						
	D	A	$A \times D$	C	$C \times D$	E	B
6	2	1	2	2	1	2	1
7	2	2	1	1	2	2	1
8	2	2	1	2	1	1	2

（2）选择外侧因素及其水平，配列外表　选择添加料为信号因素 M，误差因素选择其他不纯成分和试验环境条件，即 K 为不纯成分 α，L 为不纯成分 β，R 为试验天数，信号因素和误差因素均取三水平，外表设计见表 4-4。

表 4-4　外表设计

试验号	因素			
	R	M	K	L
1	1	1	1	1
2	1	2	2	2
3	1	3	3	3
4	2	1	2	3
5	2	2	3	1
6	2	3	1	2
7	3	1	3	2
8	3	2	1	3
9	3	3	2	1

（3）直积设计　将表 4-3 和表 4-4 直积，得到表 4-5 所示的直积设计。

（4）SN 比计算及方差分析　用内表每号试验所在行的 9 个数据计算内表的 SN 比 η_i，并进行 SN 比方差分析。

4.3.2　综合误差因素参数设计

不管有多少个误差因素，也不管每个误差因素有多少个水平，把这些误差因素综合成一个二水平的综合误差因素 N，其水平为：

1）N_1 为负侧最坏水平，使产品性能指标达到最小值的各个误差因素水平的组合。

2）N_2 为正侧最坏水平，使产品性能指标达到最大值的各个误差因素水平的组合。

其望目特性下的 SN 比 $\eta^* = 10\lg\dfrac{2y_1y_n}{(y_n-y_1)^2}$，$y_1$、$y_n$ 分别为内表每号试验结果的最大值和最小值。

表 4-5　直积设计与试验数据

								因素										η_i /dB
								R	1	1	1	2	2	2	3	3	3	
								M	1	2	3	1	2	3	1	2	3	
								K	1	2	3	2	3	1	3	1	2	
								L	1	2	3	3	1	2	2	3	1	
试验号	因素							试验号	1	2	3	4	5	6	7	8	9	
	D	A	$A\times D$	C	$C\times D$	E	B											
1	1	1	1	1	1	1	1		0.7	1.4	1.5	0.4	1.3	1.9	0.9	1.4	1.7	η_1
2	1	1	1	2	2	2	2		1.5	2.6	3.7	1.4	2.5	3.6	1.4	2.5	3.6	η_2
3	1	2	2	1	1	2	2		0.9	1.7	2.8	0.4	1.9	3.0	0.7	1.8	2.9	η_3
4	1	2	2	2	2	1	1		0.8	1.8	2.8	0.7	1.8	3.0	0.8	1.8	2.9	η_4
5	2	1	2	1	2	1	2		1.1	2.4	3.1	0.6	1.9	2.2	0.9	2.2	2.8	η_5
6	2	1	2	2	1	2	1		1.2	2.4	3.6	1.2	2.6	3.7	1.2	2.2	3.7	η_6
7	2	2	1	1	2	2	1		0.8	1.5	2.0	0.9	1.6	2.4	0.8	1.5	2.3	η_7
8	2	2	1	2	1	1	2		0.9	2.0	3.0	1.2	2.0	3.1	1.0	2.0	3.1	η_8

例 4-3 某导电材料电感电路的综合误差因素参数设计。

由电阻 R、电感 L、电压 V 和频率 f 组成一个电感电路，输出电流强度 y 为

$$y=\frac{V}{\sqrt{R^2+(2\pi fL)^2}}$$

（1）因素分类及因素水平确定 R 和 L 是控制因素，而误差因素 R' 和 L' 是产品间误差，V 和 f 是外部误差，因素水平见表 4-6。

表 4-6 因素水平表

水平	因素					
	R/Ω	L/H	R' /Ω	L'/H	V/V	f/Hz
1	0.5	0.01	内表值 ×0.9	内表值 ×0.9	90	50
2	5	0.02	内表值	内表值	100	55
3	9.5	0.03	内表值 ×1.1	内表值 ×1.1	110	60

由电流强度公式可知，y 是 V 的增函数，是 R、L 和 f 的减函数，因此综合误差因素的两个水平，则负侧最坏水平为 $N_1=R_3'L_3'V_1f_3$；正侧最坏水平为 $N_2=R_1'L_1'V_3f_1$。

（2）内外表设计 内表选用$L_9(3^4)$，见表 4-7。外表选用上述二水平综合误差因素。因此，内表的每个组合处理只需做两次试验，总共 9×2=18 次试验。如果选用直积内外表，则内表选用$L_9(3^4)$，外表选用$L_9(3^4)$，直积需要 9×9=81 次试验，显然试验次数大大增加。

（3）试验指标计算 根据电流强度公式计算 y 值，内表第 1 号试验的电流强度为

$$y_{11}=\frac{V_1}{\sqrt{R_3'^2+(2\pi f_3L_3')^2}}=\frac{V_1}{\sqrt{(1.1R_1)^2+[2\pi f_3\times(1.1L_1)]^2}}$$
$$=\frac{90}{\sqrt{(1.1\times0.5)^2+[2\pi\times60\times(1.1\times0.01)]^2}}\text{A}=21.5\text{A}$$

$$y_{12}=\frac{V_3}{\sqrt{R_1'^2+(2\pi f_1L_1')^2}}=\frac{V_3}{\sqrt{(0.9R_1)^2+[2\pi\times f_1\times(0.9L_1)]^2}}$$
$$=\frac{110}{\sqrt{(0.9\times0.5)^2+[2\pi\times50\times(0.9\times0.01)]^2}}\text{A}=38.4\text{A}$$

内表第 1 号试验的 SN 比为

$$\eta^*=10\lg\frac{2y_{11}y_{12}}{(y_{12}-y_{11})^2}=10\lg\frac{2\times21.5\times38.4}{(38.4-21.5)^2}\text{dB}=7.6\text{dB}$$

内表其余试验点的电流强度及 SN 比依次计算，结果见表 4-7。

需要注意的是，某号试验的 y_{i1} 计算，对应的是R_3'、L_3'、V_1、f_3的取值，而R_3'、L_3'、V_1、f_3所涉及的 R 和 L 的值则是表 4-7 中相应试验号 R 和 L 的水平在表 4-6 中所对应的取值。

同样，y_{i2}计算，对应的是R_1'、L_1'、V_3、f_1的取值，而R_1'、L_1'、V_3、f_1所涉及的 R 和 L 的值也是表 4-7 中相应试验号 R 和 L 的水平在表 4-6 中所对应的取值。

对表 4-7 进行方差计算，因素 R 的显著性水平 α=0.05，是显著的；而 L 的显著性水平 α=0.25，是不显著的。

表 4-7 综合误差因素参数设计结果分析

试验号	因素				综合误差因素水平		η^*
	R	L			N_1	N_2	
					y_{i1}	y_{i2}	
1	1	1	1	1	21.5	38.4	7.6
2	1	2	2	2	10.8	19.4	7.5
3	1	3	3	3	7.2	12.9	7.6
4	2	1	2	3	13.1	20.7	9.7
5	2	2	3	1	9.0	15.2	8.5
6	2	3	1	2	6.6	11.5	8.0
7	3	1	3	2	8.0	12.2	10.4
8	3	2	1	3	6.7	10.7	9.5
9	3	3	2	1	5.5	9.1	8.9
S_j	6.25	1.79	0.35	0.54	$S_e = S_{空} = 0.88$ $f_e = 4$		
F_j	14.20	4.06	—	—			
α_j	0.05	0.25	—	—			

4.4 灵敏度设计

SN 比和灵敏度是产品质量的两个重要评价指标：SN 比用于评价产品质量特性在波动方面的稳健性；灵敏度用于评价产品质量特性偏离目标值的程度，越接近，灵敏度越高。灵敏度定义为$S=\mu^2$，μ为质量特性的期望。

对例 4-3 进行灵敏度分析，目标值是 10A。

由例 4-3 对 SN 比的稳健性分析，因素 R 为显著因素，采用内外表因素参数设计，通过外表数据计算出内表每行试验对应试验指标值的均值，并列入表 4-8 中。

结合表 4-7 和表 4-8，对控制因素分类，见表 4-9。其中，调节因素是对 SN 比影响小，而对灵敏度影响较大的控制因素；稳健因素是对 SN 比影响大，而对灵敏度影响较小的控制因素。R 是稳健因素，L 是调节因素，因此可以调节 L，使$\bar{y}$接近目标值 10A。

表 4-8 $\bar{y}$的统计分析

试验号	因素				$\bar{y}_i$
	R	L			
1	1	1	1	1	14.61
2	1	2	2	2	9.75
3	1	3	3	3	7.32
4	2	1	2	3	11.77
5	2	2	3	1	8.75
6	2	3	1	2	6.86
7	3	1	3	2	8.53
8	3	2	1	3	7.13
9	3	3	2	1	5.99
S_j	16.88	37.02	2.85	3.19	$S_e = S_{空} = 6.04$ $f_e = 4$
F_j	5.59	12.26	—	—	
α_j	0.10	0.01	—	—	

表 4-9 控制因素类别

类别	SN 比	灵敏度	因素
1			无（重要因素）
2	*		R（稳健因素）
3		*	L（调节因素）
4			无（次要因素）

4.5 动态特性参数设计

动态特性是指按既定意志或目标，通过改变一定条件与信号因素水平而产生相应结果的特性。在稳健设计中，产品输出的质量特性随输入信号变化而相应变化，而且波动越小越好的特性就称为动态特性。

4.5.1 动态特性 SN 比

按目标值来调整输出特性或动态特性值时，希望提高信号因素的效应。此时，动态特性 SN 比定义为

$$\eta = \frac{\beta^2}{\sigma^2}$$

式中，β^2是信号因素变化一个单位时，目的特性的相应变化量；σ^2为误差方差，即误差因素变化所产生影响的大小。动态特性 SN 比见表 4-10。

表 4-10 动态特性 SN 比

<table>
<tr><th colspan="2">动态特性 y 与信号因素 M 关系</th><th>动态特性 SN 比</th><th>信号因素一次效应偏差平方和 S_β</th></tr>
<tr><td colspan="2">$y=\beta M+\varepsilon$</td><td>$\eta=10\lg\dfrac{\frac{1}{R}(S_\beta-V_e)}{V_e}$</td><td>$S_\beta=\dfrac{1}{R}\left(\sum\limits_{k=1}^{K}y_k M_k\right)^2$</td></tr>
<tr><td rowspan="2">正交多项式</td><td>信号因素水平等间隔</td><td rowspan="2">$\eta=10\lg\dfrac{\frac{1}{rsh^2}(S_\beta-V_e)}{V_e}$</td><td>$S_\beta=\dfrac{\left(\sum\limits_{k=1}^{K}W_k y_k\right)^2}{r\lambda^2 S}$</td></tr>
<tr><td>信号因素水平间隔不等</td><td>$S_\beta=\dfrac{\left[\sum\limits_{k=1}^{K}(b_k-\bar{b})^2 y_k\right]^2}{r_0\sum\limits_{k=1}^{K}(b_k-\bar{b})^2}$</td></tr>
</table>

注：$R=n\sum\limits_{k=1}^{K}M_k^{\ 2}$，$n$ 为噪声因素水平数；K 为信号因素水平数；r 为信号因素水平的重复次数；h 为信号因素的水平间隔；W_k、λ、S 为正交多项式表中的系数；y_k 为信号因素第 k 水平对应的动态特性之和；b_k 为信号因素第 k 水平值；$\bar{b}$为信号因素水平平均值；r_0 为求 y_k 时的数据个数。

4.5.2 动态特性设计

动态特性设计指为实现与提高材料的动态特性而进行的设计。其具体程序是：

1. 配列内表因素

把选定的控制因素与标示因素配列于内侧正交表。

2. 配列外表因素

把选定的信号因素与误差因素配列于外侧正交表。

3. 试验或计算

试验方案按照试验设计的基本原则实施试验或通过数学试验进行试验指标的计算。

4. SN 比的计算及方差分析

通过外表数据计算内表各号试验条件的 SN 比，并进行方差分析，寻求最佳动态特性设计。

思 考 题

4-1 什么叫质量特性值？

4-2 望目特性、望小特性以及望大特性 SN 比的区别是什么？

4-3 SN 比和灵敏度的用途分别是什么？

第5章

材料试验实施

一个完整的材料试验包括试验方案设计、试验实施和试验结果处理分析。试验实施是材料试验的重要环节，一个好的试验方案只有在试验实施后才能得到所需要的试验指标信息。试验实施需要选择合适的试验设备，基于试验原理，按照设计的试验方案进行试验。本章主要介绍材料试验实施常用的试验设备，并分别介绍典型的材料试验的实施过程。

5.1 材料试验设备

材料试验设备是用于测试和分析材料物理、化学性质及力学性能的设备，是获取材料性能等关键数据的重要手段（图 5-1、图 5-2）。在材料科学研究、工程技术和产品研发中，精确、高效的材料试验设备为科研工作者、生产技术人员提供了研究材料的重要信息，使对材料的性质、结构和性能等方面的探索取得突破性的进展。

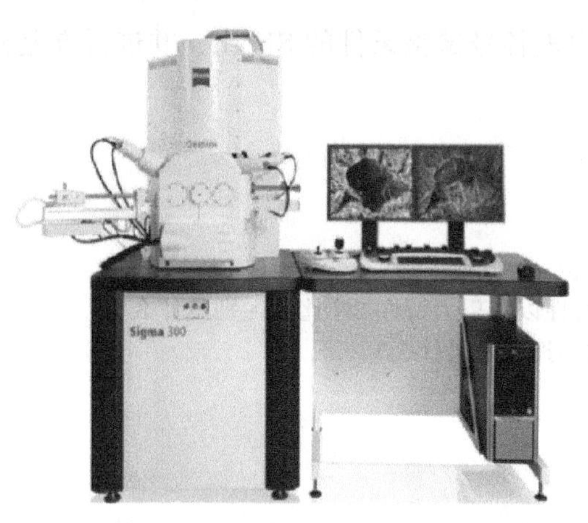

图 5-1 材料表面观测试验设备

图 5-2　材料性能试验设备

5.1.1　材料试验设备的重要性

材料试验是研究材料的结构、性能、加工的重要手段，对于优化材料制备工艺、确保产品质量、提高生产效率、降低生产成本以及保障工程安全等方面具有重要意义。相应地，材料试验所涉及的试验设备在材料科学与工程应用领域也起着至关重要的作用，其重要性体现在以下几个方面。

（1）材料性能评测　借助于材料试验设备，能够对材料的关键性能参数进行精准测量，从而可以详尽分析其性能，为判断材料的优劣提供科学依据，也为选择特定场景的材料应用提供重要参考。

（2）材料设计优化　借助材料试验设备，可以分析材料在不同条件下的性能表现，优化材料成分、制备工艺、微观结构设计等，从而使材料获得更好的力学性能、导电性、稳定性或其他特定的功能特性，如优化材料微观结构来提高材料的强度和韧性，设计材料的纳米尺度结构来赋予材料新的物理或化学功能。

（3）材料研发创新　在新材料研发创新过程中，材料试验设备提供了强大的技术支持，通过试验设备对新材料、新工艺和新结构进行性能测试和分析，可以了解其性能特点和优缺点，从而加快研发进度，提高产品的核心竞争力。

（4）产品质量保障　在材料生产过程中，使用材料试验设备对原材料、样品和产品等进行严格测试与检验，可以确保材料产品符合质量标准要求，降低出现产品质量问题的风险。

5.1.2　材料试验设备分类

随着科学技术的不断发展，材料试验设备种类越来越多，按照试验方法、试验对象、试验用途不同可以有不同的分类。

（1）按照试验方法分类　材料试验设备可以分为静态试验设备、动态试验设备、疲劳试验设备等。

1）静态试验设备，用于测试材料在静态载荷下的力学性能，如拉伸试验机、压缩试验机等（图 5-3)。其主要是通过加载系统对测试材料样品施加载荷，获取测试样品的变形量、力和压力等数据，从而计算出测试样品的弹性模量、强度、韧性等静态力学性能指标。

2）动态试验设备，用于测试材料在动态条件下的力学性能，如冲击试验机、振动测试系统等（图 5-4）。动态试验设备模拟材料在实际使用过程中的动态应力环境，通过数据采集和分析系统，精确测取材料在动态加载过程中的应力、应变、位移等关键参数。

3）疲劳试验设备，用于测试材料在反复应力作用下的疲劳寿命，如旋转疲劳试验机、拉伸疲劳试验机等（图 5-5）。疲劳试验设备通过施加压力、弯曲、扭转等多种形式的循环载荷，测取材料的载荷、位移、变形、应力、应变等关键数据。

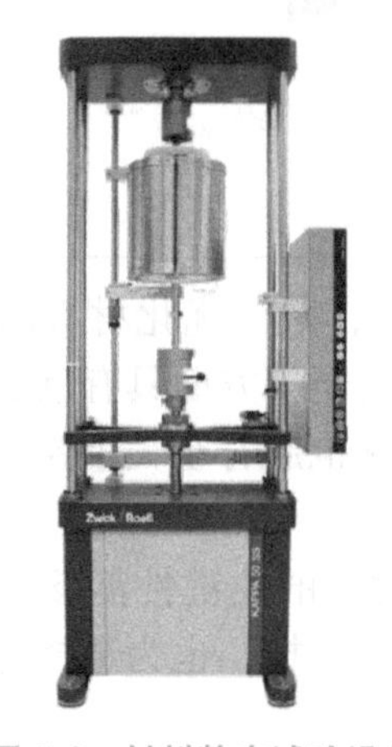

图 5-3　材料静态试验设备

图 5-4　材料动态试验设备

图 5-5　材料疲劳试验设备

（2）按照试验对象分类　材料试验设备可以分为金属材料试验设备、非金属材料试验设备、复合材料试验设备等。

金属材料试验设备用于测试金属材料的力学性能，如硬度计、压缩试验机等；非金属材料试验设备用于测试非金属材料的力学性能，如陶瓷试验机、橡胶耐磨试验机、塑料试验机等；复合材料试验设备用于测试复合材料的力学性能，如复合材料剪切强度试验机、复合材料压缩试验机等。

（3）按照试验用途分类　材料试验设备可以大致分为力学性能试验设备、物理性能试验设备、化学性能试验设备等。

1）材料力学性能试验设备，主要用于测试材料在各种受力情况下的性能，包括测试抗拉强度、屈服强度、断后伸长率等的拉伸试验机，测试材料在压缩载荷下性能（如抗压强度、压缩变形等）的压缩试验机，评估材料在受到弯曲载荷时的抗弯强度、弯曲模量等的弯曲试验机，测试材料在扭转应力作用下性能（如扭转角度、扭转力矩等）的扭转试验机。

2）材料物理性能试验设备，主要用于测量材料的物理特性，包括测量材料热传导性能的热导率试验机、评估材料导电性能的电导率试验机、测量材料温变下体积变化的膨胀系数试验机、测量材料密度的密度计等。

3）材料化学性能试验设备，主要用于分析材料的化学组成和反应性能，对材料的耐蚀性、耐磨性、抗氧化性等关键化学性能指标进行测试和分析。材料化学性能试验设备通常包括各种类型的腐蚀试验机、氧化试验机等，如通过化学反应测定材料的化学组分的原子吸收光谱仪等化学分析仪，分析材料电子结构、化学键、分子结构等信息的光谱仪器，评估材料耐蚀性的腐蚀试验机等。

另有针对特定需求或特殊材料进行性能测试的特殊性能试验设备，如测量材料在相互摩擦过程中的磨损行为的摩擦磨损试验机等。

根据试验目的和材料特性的不同，选择适当的设备类别进行性能测试。而在实际试验中，需要组合使用多类试验设备全面评估材料的性能。当然，除了上述分类方式，材料试验设备还可以按照试验设备的使用范围、试验设备的精度等不同方式进行分类。

5.2 典型材料试验

典型材料试验可以分为两大类：材料制备试验和材料性能试验。

5.2.1 材料制备试验

材料制备试验是通过化学方法、物理方法和生物方法等手段，将原始材料或已有材料合成、加工和改性成具有特定组成和结构的新材料的过程。材料制备试验通过研究不同制备条件下，新材料的结构、性能和稳定性，探索最佳的制备工艺参数，来获得具有优异性能的新材料。在材料制备试验中，试验因素一般包括制备工艺参数、原料、成分等。

材料制备试验根据制备方法可以分为物理制备、化学制备和生物制备。

1. 材料物理制备试验

材料物理制备试验利用物理性质和物理方法制备材料。物理制备试验的方法包括熔融法、溶液法、物理气相沉积法和沉淀法等。

1）熔融法（图 5-6），是指将原材料在高温下熔化，使其转变为液态并在此状态下进行加工、混合或成形。熔融法将原材料转变为液态后，材料可以更容易地与其他成分进行混合，无论是添加合金元素以改善材料的力学性能，还是添加功能性添加剂以实现特定的化学或物理特性，都能够在高温下迅速而均匀地充分融合，从而获得具有一致性和稳定性的新材料。

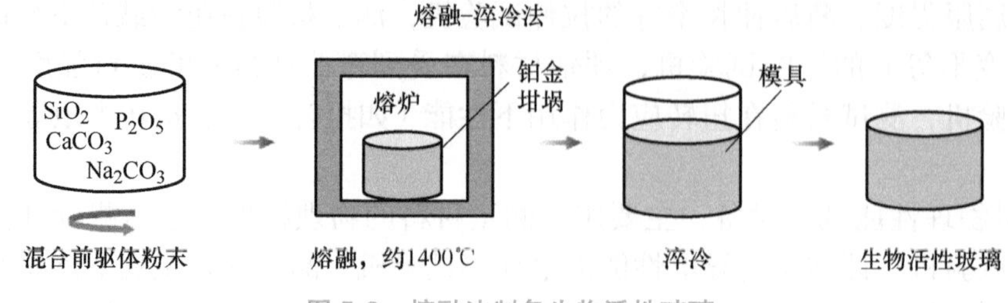

图 5-6　熔融法制备生物活性玻璃

2）物理气相沉积法（physical vapor deposition，PVD），是一种利用物理方法将材料源（固体或液体）气化成气态原子、分子或部分电离成离子，并利用气相输运环节过程，在基体表面沉积成膜或纳米结构的材料制备方法（图 5-7）。所采用的物理方法包括真空蒸镀、溅射镀膜和离子镀膜等。物理气相沉积法的关键过程包括材料汽化、气相输运以及沉积。在材料制备过程中，可以通过调节沉积粒子的能量和反应活性，来优化材料的质量和性能。

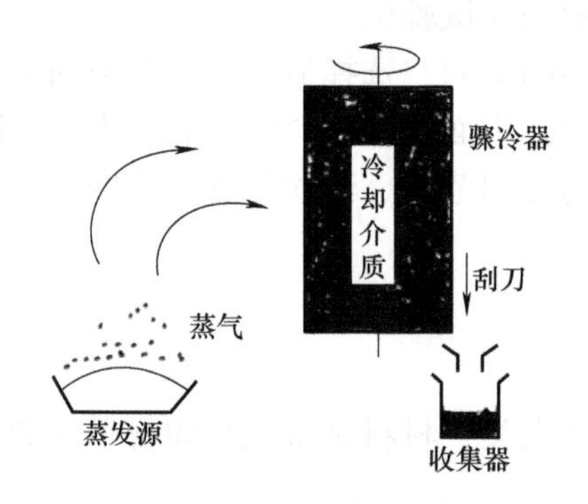

图 5-7　物理气相沉积法

3）沉淀法，是通过加入沉淀剂使溶液中的离子发生反应，形成不溶于溶液的固体沉淀物，然后通过过滤、洗涤等步骤得到纯净沉淀物的材料制备方法（图 5-8）。基于所需要制备的材料选择合适的沉淀剂，精确控制沉淀条件，如 pH 值、温度和反应时间等，优化沉淀过程，从而获得所需的溶解度、化学成分和粒径等材料性质。沉淀法主要用于制备无机材料、颜料、催化剂等。

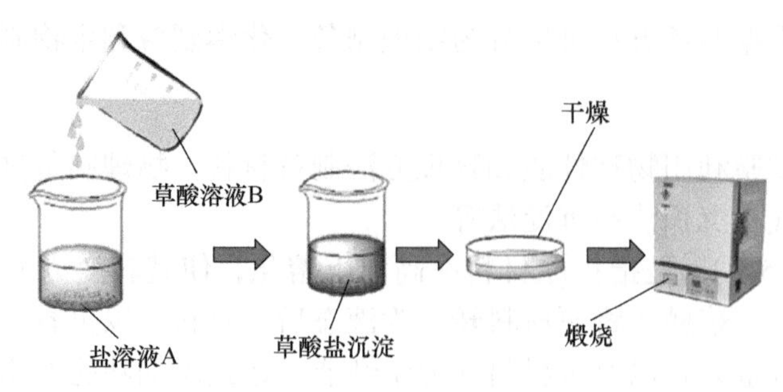

图 5-8　沉淀法制备富锂锰正极材料

材料物理制备试验一　熔融法制备生物活性玻璃。

生物活性玻璃具有良好的生物相容性、生物活性、骨传导性和可降解性，在化学材料和医学领域都受到广泛的关注。生物活性玻璃已经成功应用于骨损伤及牙科疾病的治疗和修复等领域。

（1）试验目的　采用熔融法制备生物活性玻璃。

（2）试验材料与试验设备　试验材料见表 5-1，试验设备见表 5-2。

表 5-1　试验材料

试验材料	化学式
二氧化硅	SiO_2
碳酸钙	$CaCO_3$
碳酸钠	Na_2CO_3
五氧化二磷	P_2O_5

表 5-2　试验设备

试验设备	设备型号
马弗炉	TM-3014P
坩埚	—
电子天平	FA2204B

（3）制备试验实施步骤

1）用电子天平分别称量配比定量为 45：24.5：24.5：4 的 SiO_2、$CaCO_3$、Na_2CO_3、P_2O_5。

2）将步骤 1）称量的原料充分混合，放入坩埚。

3）将装有原料的坩埚放入马弗炉，关闭炉门进行升温，最高温度为 1300℃，保温 2h。

4）开启炉门，将坩埚中液体迅速倒入常温水中，降温。

5）100℃烘干 3h 后机械研磨，制备成生物活性玻璃。

材料物理制备试验二　物理气相沉积法制备二硒化钨。

二硒化钨（WSe_2）是一种属于过渡金属硫属化物（TMDCs）的二维材料，其具有独特的层状结构和低热导率，在气体传感器、光电探测器、热电材料以及微纳米器件等领域具有广阔的应用前景。

（1）试验目的　采用物理气相沉积法将二硒化钨沉积到 SiO_2/Si 基底上。

（2）试验材料与试验设备　试验材料见表 5-3，试验设备见表 5-4。

表 5-3　试验材料

试验材料	化学式
二硒化钨	WSe_2
氩气	Ar
SiO_2/Si 基底	SiO_2/Si
酒精	C_2H_5OH
丙酮	CH_3COCH_3

表 5-4 试验设备

试验设备	设备型号
管式炉	TFH
加热板	—
电子天平	FA2204B
瓷舟	—
超声波清洗仪	JK-50B

（3）制备试验实施步骤

1）将 SiO_2/Si 基底放入干净烧杯中，依次用酒精、丙酮在超声波清洗仪中进行超声波清洗，并用氩气枪吹干，放入硅片盒中备用。

2）用电子天平称取 50mg 二硒化钨粉末，放在瓷舟中，并将瓷舟置于气相沉积管式炉中心位置，如图 5-9 所示。在沉积管下游另放一个瓷舟，并在该瓷舟正上方放一片步骤 1）的 SiO_2/Si 基底，作为生长基底。

3）用流量为 500sccm[1sccm=1mL/min（标态）] 的氩气排尽沉积管内空气，使其保持纯氩气的氛围。

4）将管式炉设置为 50min 升温到 1180℃，恒温时间为 5min。管式炉内的气流方向为先经过生长基底，再经过二硒化钨粉末。流量计将经过管内的流量设置为 80sccm。

5）在管式炉温度升高至 1180℃时，调换氩气流方向，流量保持不变，并在此温度恒温 5min。

6）用磁铁将盛有样品的瓷舟拉到管最末端冷却样品，并终止样品生长。管式炉自然冷却至室温，沉积制备成二硒化钨样品的基底。

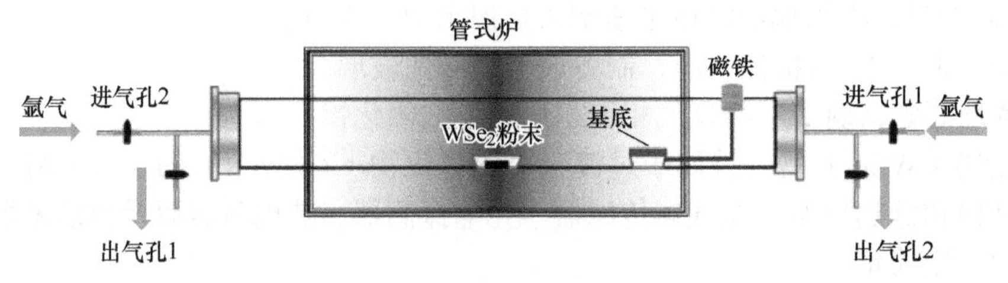

图 5-9 物理气相沉积法制备二硒化钨

材料物理制备试验三 沉淀法制备纳米金催化剂。

纳米金催化剂能活化 CO 和 O_2 生成 CO_2，是目前常低温下高效的 CO 消除催化剂。纳米金粒子在制备、储存及反应过程中很容易聚集长大，尤其是长时间暴露在空气条件下，纳米金粒子与载体之间的相互作用会在 O_2 的诱导作用下减弱，从而导致纳米金粒子更易迁移聚集。制备兼具高分散、高活性和高稳定性的纳米金粒子，抑制纳米金粒子在反应过程中的聚集长大，对纳米金催化剂的工业应用具有重要的意义。

（1）试验目的 采用沉淀法制备纳米金催化剂。

（2）试验材料与试验设备 试验材料见表 5-5，试验设备见表 5-6。

表 5-5　试验材料

试验材料	化学式
氯金酸	$HAuCl_4 \cdot 4H_2O$
碳酸铵	$(NH_4)_2CO_3$
三氧化二铝	Al_2O_3
去离子水	—

表 5-6　试验设备

试验设备	设备型号
磁力搅拌器	M-SCL-T
电子天平	ES-J120
电热鼓风干燥箱	DHG-9240
循环式多用真空泵	SHZ-D Ⅲ

（3）制备试验实施步骤

1）用电子天平称取 1g Al_2O_3 粉末，置于 100mL 烧杯中。在烧杯中加入 50mL 去离子水搅拌，直至 Al_2O_3 粉末均匀分散在去离子水中。

2）称取 1.06g$HAuCl_4 \cdot 4H_2O$ 溶液（c=9.56g/L，ρ=1.0074g/mL），使用去离子水稀释至 25mL；量取 25 mL（NH_4）$_2CO_3$（c=1mol/L）溶液。将上述两种溶液同时逐滴滴入 Al_2O_3 悬浮液中，沉积数小时。

3）抽滤数次，直至滤液中检测不到氯离子（使用 $AgNO_3$ 溶液检测）。

4）70℃干燥 12h，制得 Au/Al_2O_3 催化剂前体。

2. 材料化学制备试验

材料化学制备试验是通过精确控制化学反应过程，以实现对材料微观结构和宏观性能调控的试验方法。材料化学制备方法主要包括溶胶 – 凝胶法、水热法、溶剂热法、化学气相沉积等。

1）溶胶 – 凝胶法（图 5-10），是通过溶胶与凝胶的转变，使材料的微观结构发生变化。其过程包括水解反应阶段和凝胶化阶段，其中发生的化学反应涉及水解反应、缩聚反应。以无机物或者金属醇盐作为前驱体，在液相进行原料均匀混合，经过水解和缩合反应，在溶液中形成稳定的透明溶胶体系。凝胶化阶段中，溶胶中的胶粒间不断聚合，形成多孔的三维网状凝胶。最后经过陈化、干燥、脱水和烧结等工艺，得到最终的反应产物。在制备试验过程中，通过调节反应条件，如温度、压力和反应物浓度等，控制溶胶中材料颗粒的尺寸和形貌。溶胶 – 凝胶法分为无机溶胶 – 凝胶法和有机溶胶 – 凝胶法。无机溶胶 – 凝胶法可以制备多种形貌的材料，如管状、棒状、针状、粒状等形状，主要应用于制备陶瓷、玻璃和金属材料，如氧化硅、氧化铝和金属氧化物等。有机溶胶 – 凝胶法主要应用于制备高分子材料，如聚合物和有机金属材料等。

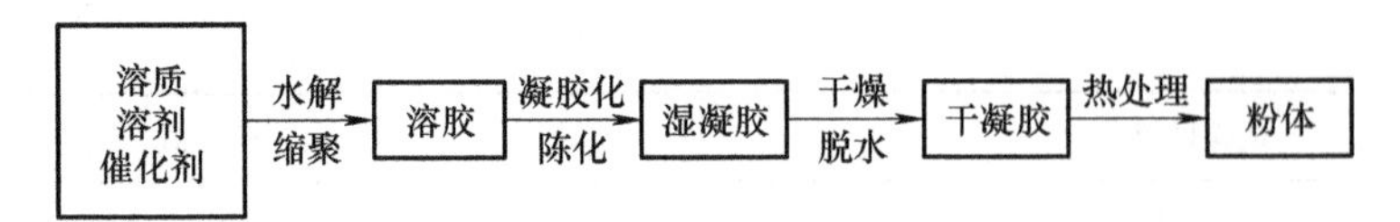

图 5-10　溶胶－凝胶法制备纳米粉体工艺

2）水热法（图 5-11），是在高温高压下，利用水作为溶剂，在控制温度和压力的条件下，使原料发生化学反应，生成所需的材料。水热法一般以氧化物或氢氧化物作为前驱体，在加热过程中溶解度随温度的升高而增加，最终导致溶液过饱和并逐步形成更稳定的氧化物新相。在水热反应过程中，原料可以在较高的温度下进行反应，有利于提高反应速率和产物的产率。同时，由于水热法是在密闭系统中进行的，能有效防止反应物挥发和氧化，从而提高了产物的纯度。水热法可以通过调节温度、压力、反应时间等条件，来实现对材料形态、大小、组成等参数的精确控制。水热法主要应用于材料合成、催化剂制备、纳米技术、有机合成等领域。

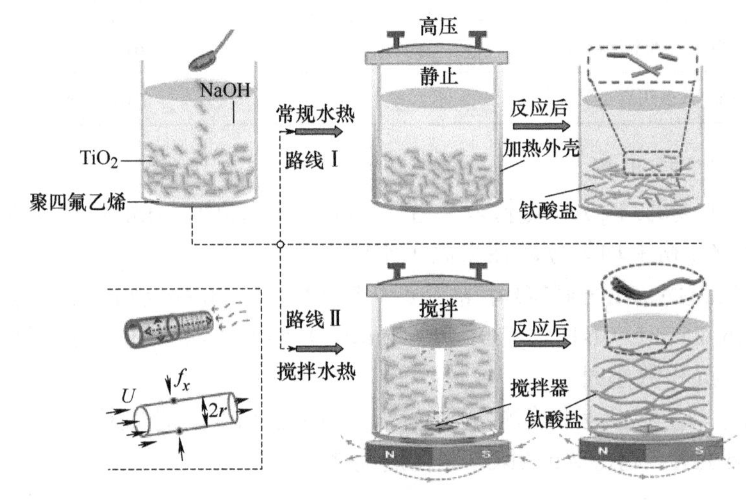

图 5-11　水热法制备二氧化钛纳米管

3）溶剂热法，是在高温高压下，利用有机溶剂或非水溶媒（有机胺、醇、氨、四氯化碳或苯等）作为溶剂，在控制温度和压力的条件下，使原料发生化学反应，生成所需的材料（图 5-12）。相比于水热法，溶剂热法主要是制备在水溶液中无法长成、易氧化、易水解或对水敏感的材料。在溶剂热法中，有机溶剂作为反应介质，不仅可以提高反应物的溶解度，还可以作为催化剂参与反应，从而改变反应的路径和速率。溶剂热法用于制备高分子材料、药物、农药、染料等。

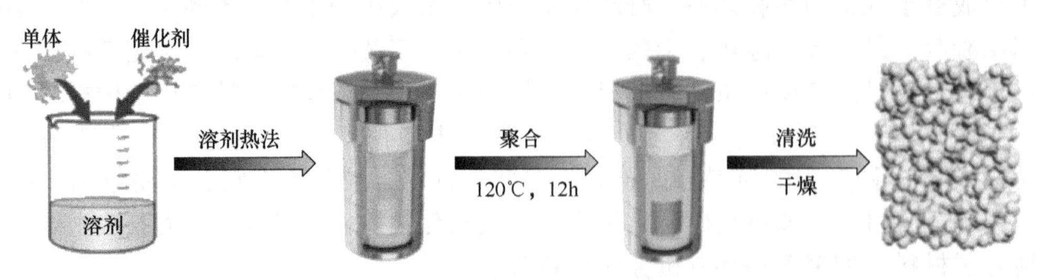

图 5-12　溶剂热法制备得到酚醛泡沫材料

4）化学气相沉积（chemical vapor deposition，CVD）是气体、气态化合物、气态反应物在气相中发生化学反应和传输反应等并产生固态沉积物的材料制备方法。如图 5-13 所示，其过程是形成挥发性物质，转移挥发性物质至沉积区域，在固体上产生化学反应并产生固态物质。化学气相沉积可以通过调整反应条件和前驱体的组成，精确控制制备材料的成分、结构和性能。化学气相沉积可以用于制备单晶、多晶、非晶薄膜、半导体、金属薄膜等。

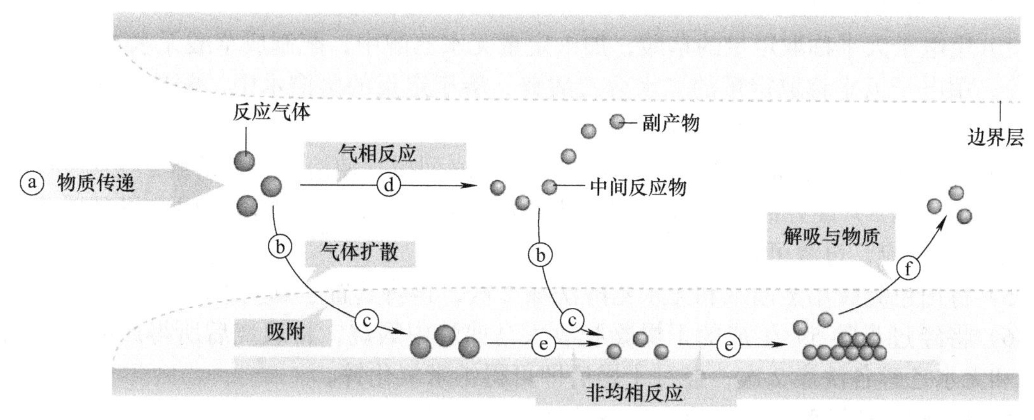

图 5-13　化学气相沉积

材料化学制备试验一　溶胶－凝胶法制备纳米氧化锌。

纳米氧化锌（ZnO）热稳定性和光电性能优异，且不会产生毒害，并具有抗红外线、紫外线辐射及杀菌功能，常用作催化材料、光化学用半导体材料。溶胶－凝胶法是制备纳米氧化锌的一种良好方法，采用溶胶－凝胶法制备的纳米氧化锌具有晶粒尺寸均匀、形貌可调节等优点。

（1）试验目的　采用溶胶－凝胶法制备纳米氧化锌（ZnO）材料。

（2）试验材料与试验设备　试验材料见表 5-7，试验设备见表 5-8。

表 5-7　试验材料

试验材料	化学式
二水合乙酸锌	$Zn(CH_3COO)_2 \cdot 2H_2O$
草酸	$H_2C_2O_4$
柠檬酸三铵	$C_6H_{17}N_3O_7$
无水乙醇	C_2H_6O

表 5-8　试验设备

试验设备	设备型号
电子天平	FA2204B
磁力搅拌器	DF–101S
真空泵	SHZ–D（Ⅲ）
真空干燥箱	DZF–6050

（续）

试验设备	设备型号
电阻炉控制箱	SX-2.5-10
超声波清洗仪	JK-50B
台式离心机	TG15-SW

（3）制备试验实施步骤

1）用电子天平称取定量的草酸，加入定量无水乙醇中，配制成草酸无水乙醇溶液。

2）用电子天平称取定量的二水合乙酸锌，溶于定量的蒸馏水中，配成二水合乙酸锌水溶液，并加入定量的柠檬酸三铵。

3）将步骤 2）配制的溶液置于恒温水浴中，剧烈搅拌使溶液充分溶解。

4）将步骤 3）配好的二水合乙酸锌溶液加入到草酸无水乙醇溶液中，将其置于恒温水浴中进行反应，过滤可得白色凝胶。

5）将白色凝胶用蒸馏水和无水乙醇洗涤 2 次，再将其置于真空干燥箱中。

6）将经过步骤 5）生成的干燥凝胶放入马弗炉中煅烧，将煅烧后所得产品分别用蒸馏水和无水乙醇各洗涤 2 次，经过干燥后即可得纳米氧化锌。

材料化学制备试验二 水热法制备纳米二硫化钼。

二硫化钼（MoS_2）具有类似石墨的层状结构，其摩擦系数较小，可作为机械、电子等领域的润滑材料。纳米 MoS_2 由于纳米尺寸效应，在摩擦材料表面的附着性、耐磨、减摩性等方面更优越，同时具有良好的光、电、催化等性能以及其他润滑材料所不及的抗压性能。可以通过水热法制备纳米 MoS_2 来提高其应用效应。

（1）试验目的 采用水热法制备出纳米 MoS_2。

（2）试验材料与试验设备 试验材料见表 5-9，试验设备见表 5-10。

表 5-9 试验材料

试验材料	化学式
仲钼酸铵	$(NH_4)_6Mo_7O_{24}\cdot 4H_2O$
硫脲	$CS(NH_2)_2$
盐酸	HCl
十六烷基三甲基溴化铵（CTAB）	$C_{16}H_{33}(CH_3)_3NBr$
十二烷基苯磺酸钠（SDBS）	$C_{18}H_{29}NaO_3S$
聚乙烯吡咯烷酮（PVP）	—
无水乙醇	C_2H_6O

表 5-10 试验设备

试验设备	设备型号
电子天平	CP224S
超声波清洗仪	KH-500DE

（续）

试验设备	设备型号
磁力搅拌器	85-2
不锈钢反应釜	KH-50
离心分离机	TD5A-WS
电热鼓风干燥箱	101-1
管式炉	GSL-1400X

（3）制备试验实施步骤

1）混合。分别称取一定比例的硫脲和仲钼酸铵置于不同烧杯中，在烧杯中分别加入去离子水和反应物并置于磁力搅拌器上搅拌 15min 至完全溶解，将两种溶剂混合并搅拌 5min，用浓盐酸调节水溶液的 pH 值，使 pH 值为 1 ～ 3。在混合液中加入表面活性剂。

2）水热反应。将配置好的溶液转入反应釜中，密封加热至 150 ～ 250℃，保温 24h。

3）冷却分离。反应结束后，将反应釜在室温下自然冷却，用去离子水和酒精离心洗涤产物三遍，去除可溶性物质。

4）真空干燥。将得到的粉末状固体产物置于真空干燥箱中，在 60℃下干燥 12h，得到纳米 MoS_2（图 5-14）。

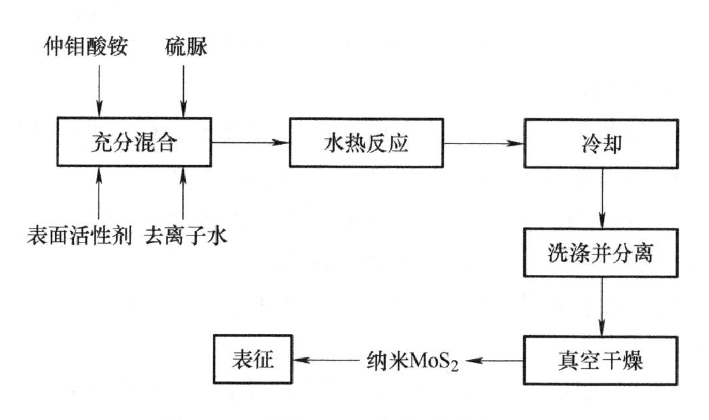

图 5-14　纳米 MoS_2 制备试验流程图

材料化学制备试验三　溶剂热法制备 β-Ni（OH）$_2$ 材料。

超级电容器结合了电容器快速充放电的特性和电池的储能特性，应用于诸多领域。根据电荷存储机制的不同，可将超级电容器分为双电层电容器和赝电容电容器，赝电容电容器比双电层电容器具有更高的电容量和能量密度。Ni（OH）$_2$ 作为赝电容电容器重要的电极材料，其电容特性良好，循环稳定性优异。试验采用溶剂热法制备 β-Ni（OH）$_2$ 材料。

（1）试验目的　采用溶剂热法制备 β-Ni（OH）$_2$ 材料。

（2）试验材料与试验设备　试验材料见表 5-11，试验设备见表 5-12。

表 5-11 试验材料

试验材料	化学式
六水合氯化镍	$NiCl_2 \cdot 6H_2O$
十六烷基三甲基溴化铵（CTAB）	$C_{16}H_{33}(CH_3)_3NBr$
聚苯乙烯磺酸钠（PSS）	$(C_8H_7NaO_3S)_n$
无水乙醇	C_2H_6O

表 5-12 试验设备

试验设备	设备型号
电子天平	CP224S
超声波清洗仪	KH-500DE
磁力搅拌器	85-2
聚四氟乙烯反应釜	KH-100
离心分离机	TD5A-WS
真空恒温干燥箱	NBD-601A

（3）制备试验实施步骤

1）称 0.45mmol 六水合氯化镍，加入至 40mL 去离子水中，搅拌均匀。

2）在步骤 1）的溶液中加入 $NH_3 \cdot H_2O$，调节 pH 值为 11。

3）在步骤 2）的溶液加入 100mg 的 CTAB 和一定量 PSS，搅拌至均匀。

4）在反应釜中加入 20mL 水 - 乙二醇混合溶液。

5）将步骤 3）的溶液转移至加入了水 - 乙二醇混合溶液的反应釜中，在 120 ～ 180℃下水热反应 6 ～ 14h。

6）反应结束后，将反应釜在室温下自然冷却，用去离子水和酒精离心洗涤，并在真空干燥箱中干燥 7 ～ 8h，得到 β-Ni（OH）$_2$ 材料。

3. 材料生物制备试验

生物制备试验是利用生物体的代谢活动、生物大分子（如蛋白质、核酸）的自组装性质，或生物矿化等生物学原理，通过生物合成、基因修饰等技术来制备具有特殊功能的材料。生物制备法适用于复杂的材料制造，如有机材料、天然材料和复合材料。常见的生物制备法包括微生物法、酶法以及表面显示法等。微生物法和酶法是利用微生物和酶的生物活性，通过控制它们的生长环境和条件，实现对材料形成和结晶过程的调控。而表面显示法则是在材料表面展示生物分子，利用生物分子与物质之间的相互作用，促进材料的形成和结晶。生物制备法应用广泛，可以用于生产药物、生物材料、食品、能源等（图 5-15）。

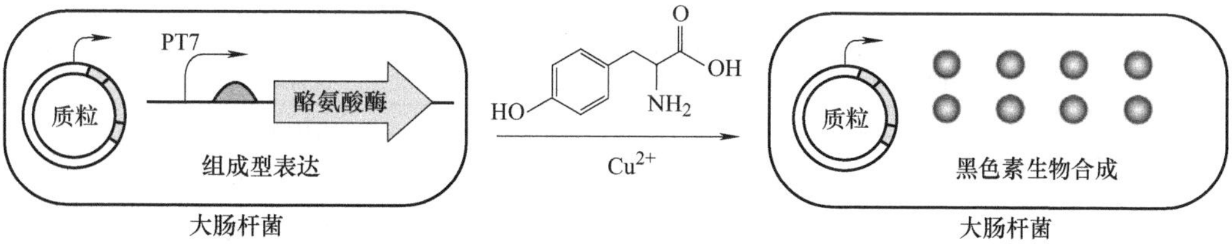

图 5-15　在大肠杆菌中生物合成的黑色素纳米颗粒

材料生物制备试验　生物法制备纳米磷酸钛。

磷酸钛的化学稳定性较高，具有无毒、遮盖力强、黏结力强、对紫外线反射能力强以及耐磨、耐热、阻燃等优点，经常在工业应用中作为催化剂，特别是在化学反应中作为液相酸催化剂。磷酸钛还可用作电池材料、催化剂载体、陶瓷材料、材料处理剂以及某些高温超导体的成分。磷酸钛对环境友好，不会产生有害的气体或废物，也被广泛应用于水处理和环境保护领域，用于去除水中的有害物质和重金属离子。试验采用生物法制备纳米磷酸钛。

（1）试验目的　采用生物法制备纳米磷酸钛。

（2）试验材料与试验设备　试验材料见表 5-13，试验设备见表 5-14。

（3）制备试验实施步骤

1）取 60mL 发酵用啤酒废酵母液，在搅拌状态下缓慢加入 2mol/L 的磷酸溶液 20mL，磁力搅拌 1h。

2）在强烈搅拌下，向步骤 1）的溶液中滴加 1mol/L 四氯化钛的盐酸溶液 20mL，滴完后反应 1h。

3）在搅拌状态下，向步骤 2）的溶液中加入氨水调节 pH 值为 7，搅拌、均化 5h。

4）静置陈化 48h。

5）将合成的磷酸钛复合物离心水洗两遍，醇洗一遍，80℃干燥 12h，得到无定形磷酸钛。

6）将所制得的样品取一定量，在 900℃煅烧 6h。

表 5-13　试验材料

试验材料	化学式
磷酸	H_3PO_4
四氯化钛	$TiCl_4$
氨水	$NH_3 \cdot H_2O$
无水乙醇	C_2H_6O

表 5-14　试验设备

试验设备	设备型号
电子天平	CP224S
超声波清洗仪	KH-500DE
磁力搅拌器	85-2

（续）

试验设备	设备型号
聚四氟乙烯反应釜	KH-100
离心分离机	TD5A-WS
真空恒温干燥箱	NBD-601A

5.2.2 材料性能试验

对制备出的材料进行性能测试是材料试验的重要环节。材料性能试验是评估材料在不同条件下的力学、物理及化学性能等的试验方法。力学性能包括强度、韧性、硬度、耐磨性等，物理性能包括导电性、导热性、光学性能、磁性能等，化学性能包括化学稳定性、耐蚀性、高温抗氧化性等。性能试验可以帮助了解材料的特性和行为，从而为材料的选择、设计和应用提供依据。

材料性能试验按照材料的使用性能可以分为材料力学性能试验、材料物理性能试验和材料化学性能试验。

1. 材料力学性能试验

材料力学性能，也称材料机械性能，是指材料在外力作用下表现出的强度、变形等方面的性质。材料力学性能试验可以包括拉伸试验、压缩试验、弯曲试验、冲击试验等。试验指标是材料的强度、韧性、硬度等力学性能指标。

拉伸试验是力学性能试验中最常见的一种：将材料样品沿其长度方向拉伸，直至样品断裂，从而获得材料的抗拉强度、屈服强度等试验指标，依此来评估其抗拉性能。试验设备一般采用万能试验机、高速试验机等。

压缩试验是将材料样品沿其厚度方向压缩，使其发生压缩变形直至破裂，从而获得材料的抗压强度、变形量等试验指标，以评估其抗压性能。试验设备一般采用万能试验机、高速试验机、压缩试验机等。

弯曲试验是将材料样品置于两支承之间，施加横向力，使样品产生弯曲，得到不同负载下的挠度和应力，从而计算获得材料的抗弯强度和弹性模量等试验指标，以评估其抗弯曲性能。试验设备一般采用万能试验机、高速试验机等。

冲击试验是用一定速度将材料样品撞击固定物体，模拟材料在冲击环境下的行为，从而获得材料的冲击韧度、吸收能量等试验指标，以评估其在冲击载荷下的韧性和脆性。试验设备一般采用冲击试验机（摆锤式和落锤式）等。

疲劳试验是在材料试样上循环加载应力，模拟材料在长时间使用过程中的行为，从而获得材料的疲劳强度、疲劳裂纹扩展速率等试验指标，以评估其在交变载荷下的耐久性能。试验设备一般采用电液伺服疲劳试验机等。

材料力学性能试验一　材料拉伸试验。

聚醚醚酮（PEEK）具有高强度、高模量、高韧性、半结晶性等优异综合特性，被广泛用于航空航天、汽车制造及医疗等领域。熔融沉积成形（FDM）是一种快速成形方法，具有制造成本低、材料利用率高等优点。通过试验研究熔融沉积成形（FDM）打印参数对聚醚醚酮（PEEK）材料抗拉强度的影响。

（1）试验目的　分析 FDM 打印参数对聚醚醚酮（PEEK）材料抗拉强度的影响。

（2）试验指标　抗拉强度（单位为 MPa）。

（3）选因素、定水平　试验因素选择打印温度、打印速度和填充比，因素水平表见表 5-15。

表 5-15　因素水平表

水平	因素		
	A 打印速度 /（mm/s）	*B* 打印温度 /℃	*C* 填充比（%）
1	20	350	20
2	40	360	40
3	60	370	60

（4）试验方案　采用 $L_9(3^4)$ 正交表安排试验，其试验方案见表 5-16。

表 5-16　试验方案

试验号	因素		
	A/（mm/s）	*B*/℃	*C*（%）
1	20	350	20
2	20	360	40
3	20	370	60
4	40	350	40
5	40	360	60
6	40	370	20
7	60	350	60
8	60	360	20
9	60	370	40

（5）试验方案实施

1）试件制备。试验设备采用桌面级 FDM 打印机（图 5-16，Anycubic i3–MEGA），按照表 5-16 的试验方案进行参数设置，并进行 PEEK 试样制备。试样形状与尺寸如图 5-17 所示。

2）PEEK 试样拉伸试验。试验设备采用电子万能材料试验机（图 5-18，E45UTM），将 PEEK 试样装夹在上下夹头内，施加均布载荷 5kN，以加载速度 2mm/min 对 PEEK 试样进行拉伸试验，观察载荷 – 伸长曲线（图 5-19），在载荷达到最大值时，试样出现颈缩现象，载荷开始下降，直至拉断，记录最大载荷值 F_b，得到 $R_m=\frac{F_b}{A}$，A 为断裂处试样的原始截面面积。

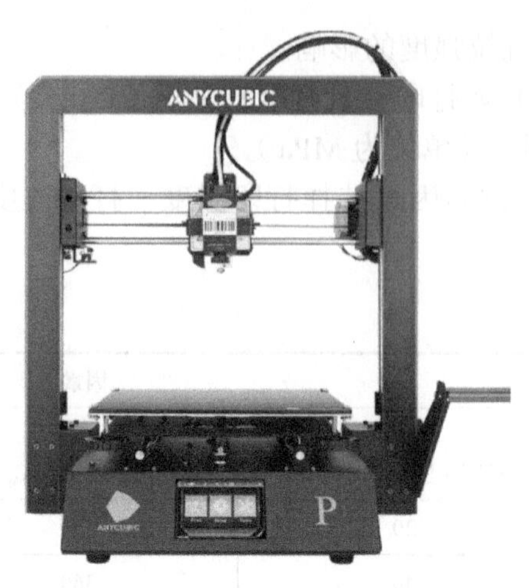

图 5-16　桌面级 FDM 打印机

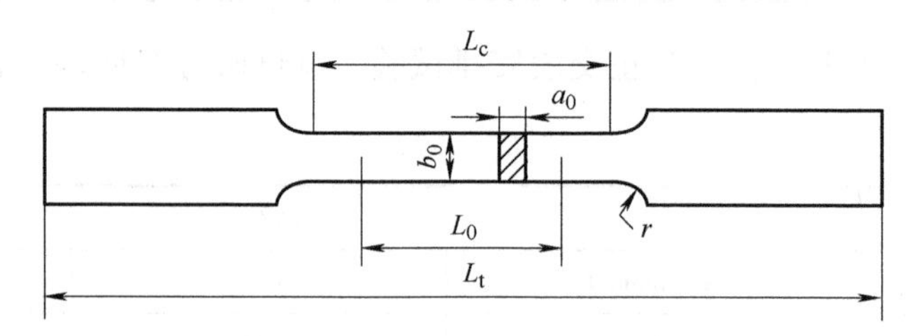

图 5-17　试样形状与尺寸

a_0—原始厚度　b_0—原始宽度

L_c—平行长度　L_0—原始标距　L_t—试样总长度

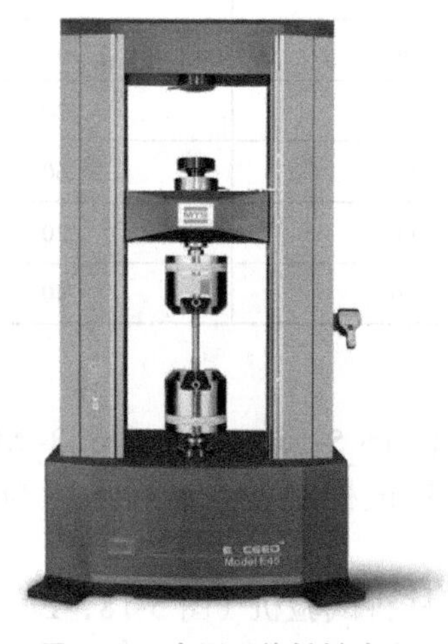

图 5-18　电子万能材料试验机

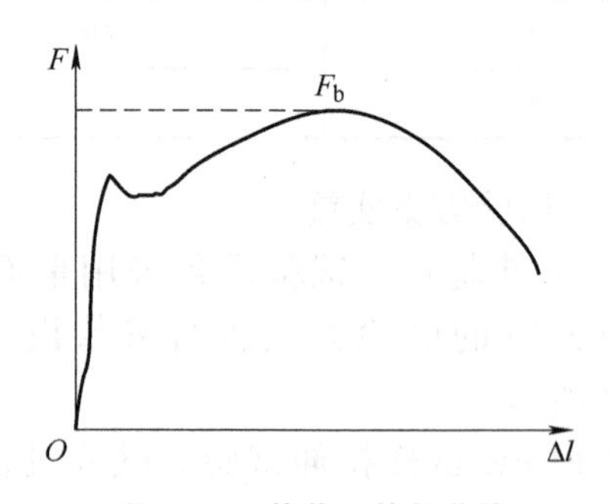

图 5-19　载荷 - 伸长曲线

（6）结果处理　记录试验数据，并进行试验数据处理与分析，判断主次因素以及最优组合。

材料力学性能试验二　材料弯曲试验。

受椰壳纤维的梯度多孔结构特征启发，设计并制造了仿生梯度蜂窝复合材料，其具有很好的抗弯曲性能。试验研究仿生梯度蜂窝结构参数对仿生复合材料的抗弯曲性能影响。

（1）试验目的　分析仿生梯度蜂窝结构参数对仿生材料抗弯曲性能的影响。

（2）试验指标　抗弯强度 σ_{bb}。

（3）选因素、定水平　试验因素选择仿生蜂窝的结构参数分别是蜂窝梯度指数、胞元最大壁厚，因素水平表见表 5-17。

表 5-17　因素水平表

水平	因素	
	A 蜂窝梯度指数	*B* 胞元最大壁厚 /mm
1	0.5	1.0
2	1.0	2.0
3	2.0	3.0

（4）试验方案　采用全面试验方案安排试验，其试验方案见表 5-18。

表 5-18　试验方案

试验号	因素	
	A	*B*/mm
1	0.5	1.0
2	0.5	2.0
3	0.5	3.0
4	1.0	1.0
5	1.0	2.0
6	1.0	3.0
7	2.0	1.0
8	2.0	2.0
9	2.0	3.0

（5）试验方案实施

1）试件制备。仿生梯度蜂窝复合材料通过熔融沉积快速成形工艺进行 3D 打印。首先建立打印样品的 CAD 模型，将建立好的 CAD 模型导入到切片软件 Eiger，材料选择短碳纤维增强尼龙为打印基材。打印层高设定为 0.1mm，填充方式选择实体填充。完成切片后，将 CAD 模型转换为新的 STL 文件后，通过 Mark Two 打印机进行实体打印，打印出仿生梯度蜂窝样品。

2）试样弯曲试验（图 5-20）。试验设备采用电子万能材料试验机（E45UTM），仿生梯度蜂窝复合材料抗弯曲性能通过三点弯曲测试方法获得，按照 ASTM D7250 标准对不同结构参数的仿生梯度蜂窝材料进行测试。

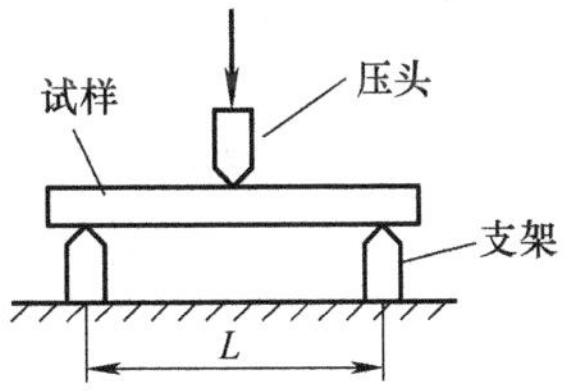

图 5-20　试样弯曲试验

试验指标抗弯强度$\sigma_{bb}=\dfrac{3FL}{2bh^2}$，$F$为试样的断裂力，$b$为试样宽度，$L$为支架两点间的跨距，$h$为试样厚度。

试样尺寸为150mm×50mm×10mm，支撑头与压头直径均为10mm，支撑头跨距L为120mm，加载头位于两个支撑头的中间位置，加载速率为10mm/min。

将试样表面磨光，放到试验机平台上，操控压头缓慢压下，将试样压断，记下所加载荷数，采用游标卡尺测出试样断口处的宽度b和厚度h。由抗弯强度公式计算出抗弯强度。

（6）结果处理　记录试验数据，并进行试验数据处理与分析。

材料力学性能试验三　材料冲击试验。

螳螂虾的锤状指附足外表层结构中，独特的几丁质纤维螺旋排列结构能有效地分散冲击能量，抵消冲击力的作用。试验以环氧树脂基碳纤维预浸料布为试件原材料，基于螳螂虾附足仿生结构形态，设计加工制备纤维螺旋排列的仿螳螂虾附足抗冲击材料，对仿生抗冲击材料进行落锤冲击试验，研究不同纤维螺旋排列方式对其抗冲击性能的影响。

（1）试验目的　研究不同纤维螺旋排列方式对仿螳螂虾附足抗冲击材料的抗冲击性能影响。

（2）试验指标　单位质量抗冲击能量（J）。

（3）选因素、定水平　试验因素选择螺旋排列结构，因素水平为纤维单螺旋排列和纤维双螺旋排列2个水平，见表5-19。

表5-19　因素水平表

水平	因素
	螺旋排列结构
1	单螺旋
2	双螺旋

（4）试验方案　设计两种螺旋排列方式的对比试验，即具有纤维单螺旋排列和纤维双螺旋排列两种仿生抗冲击试件进行对比试验。

（5）试验方案实施

1）试件制备。采用光固化3D打印技术制备螳螂虾附足仿生模具，将碳纤维布按照螺旋角度放入模具中，将碳纤维布材料连同模具放入电热恒温鼓风干燥箱中，将温度设定为180℃，加热120min，使试件共固化成形，冷却、修整打磨后称重记录。

2）试样冲击试验。试验设备采用全自动落锤冲击试验机（图5-21）。在冲击试验机操作系统中输入调节冲击能量指令，锤头自动上提下放调整落锤高度。在系统中输入指定高度，试验机通过铰链将锤头提至对应高度，调节完毕后，输

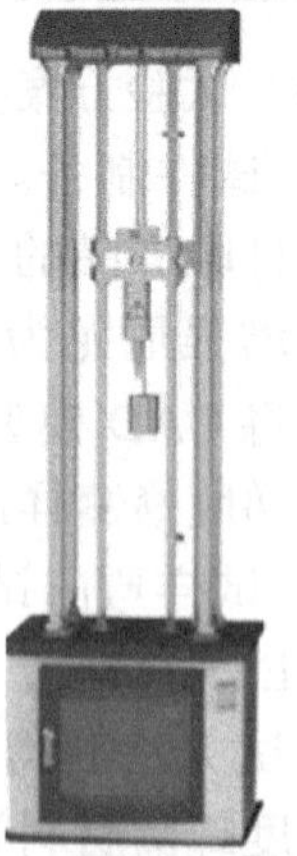

图5-21　全自动落锤冲击试验机

入落锤指令，锤头自由下落，对试件造成冲击。冲击结束，手动调整夹具高度并固定锤头，取出试件，进行观察和测量。

材料力学性能试验四　材料疲劳试验。

纤维增强复合材料（FRP）具有优异的纺织特性、结构的可设计性、轻质高强度、耐蚀性等特点，对于长期暴露在自然环境下的基础工程结构具有十分重要的工程意义与实用价值。使用生物质纤维，尤其是植物纤维，替代无机合成纤维等传统材料作为增强体逐渐成为热点。通过试验，研究手糊成形工艺制备的亚麻纤维与玻璃纤维混杂复合材料的铺层角度、铺层顺序、混杂比对复合材料疲劳性能的影响规律。

（1）试验目的　研究铺层角度、铺层顺序、混杂比对复合材料疲劳性能的影响。

（2）试验指标　疲劳寿命。

（3）选因素、定水平　试验因素选择铺层角度、铺层顺序、混杂比。铺层角度水平分别选择 45°、0°/90° 和 0°/45°/90°，其中“45°”指斜向 45°，“0°/90°”指经纬交叉，“0°/45°/90°”指“米”字形；铺层顺序水平分别选择 F/G、F/G/F 和 G/F/G，因素水平表见表 5-20。

表 5-20　因素水平表

水平	因素		
	A 铺层角度 /（°）	*B* 铺层顺序	*C* 混杂比
1	45	F/G	6 : 2
2	0/90	F/G/F	4 : 4
3	0/45/90	G/F/G	2 : 6

（4）试验方案　采用 $L_9(3^4)$ 正交表安排试验，其试验方案见表 5-21。

表 5-21　试验方案

试验号	因素		
	A/（°）	*B*	*C*
1	45	F/G	6 : 2
2	45	F/G/F	4 : 4
3	45	G/F/G	2 : 6
4	0/90	F/G	4 : 4
5	0/90	F/G/F	2 : 6
6	0/90	G/F/G	6 : 2
7	0/45/90	F/G	2 : 6
8	0/45/90	F/G/F	6 : 2
9	0/45/90	G/F/G	4 : 4

（5）试验方案实施

1）试件制备。选取碱化改性的亚麻纤维与玻璃纤维为原料，以不同的铺层角度、铺层顺序、混杂比进行混杂，采用手糊成形工艺制备复合材料板材，试验样件尺寸如图 5-22 所示。

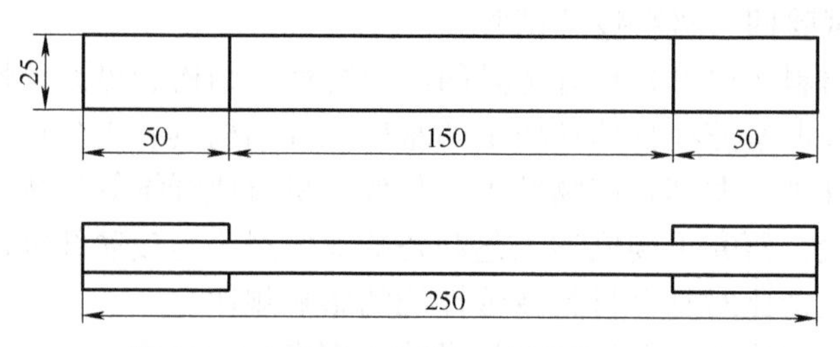

图 5-22　疲劳试验样件尺寸（单位：mm）

2）试样疲劳试验。试验设备选择疲劳试验机（图 5-23），将试样安装在疲劳试验机的夹具中。以 0.1 的应力比、2Hz 的加载频率对试样进行疲劳试验直至破坏，并记录疲劳寿命数据。疲劳应力水平为静态抗拉强度的 80%、70%、60%、50%。按照标准 GB/T 35465.2—2017 进行数据处理，并绘制相应的应力寿命（S–N）曲线，以预测复合材料的疲劳寿命。

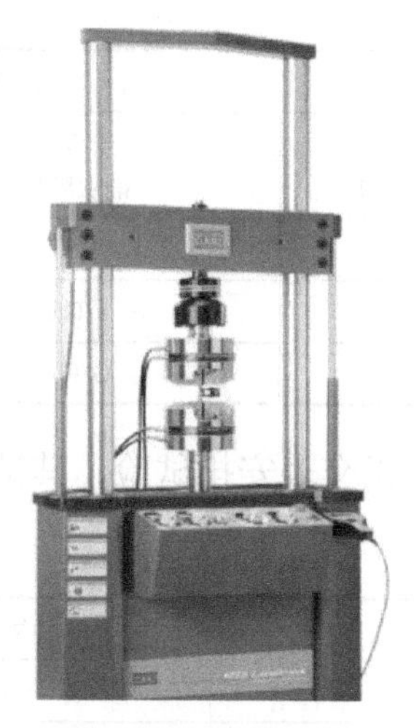

图 5-23　疲劳试验机

2. 材料物理性能试验

材料物理性能是指材料在热、电、光、磁、声等物理作用下所反映的特性。按照物理作用，材料物理性能试验包括热学性能试验、电学性能试验、光学性能试验、磁学性能试验和声学性能试验等。

1）材料热学性能试验主要研究材料在温度变化下的性能表现。在材料热学性能试验中，温度、热膨胀系数、热导率、热稳定性等参数是衡量材料热性能的重要指标。材料热学性能试验设备（如热分析仪、差热分析仪等）可以通过测量材料在加热或冷却过程中的温度变化和热效应，来评估材料的热性能。

2）材料电学性能试验主要研究材料在电场作用下的性能表现。在材料电学性能试验中，电阻率、电导率、介电常数、击穿电压等参数是衡量材料电性能的重要指标。材料电学试验设备（如电阻率测试仪、介电常数测量仪等）通过施加电场或电流于材料样品，测量材料的电流响应、电压分布或电场强度，来评估材料的电性能。

3）材料光学性能试验主要研究材料在光波作用下的性能表现。在材料光学试验中，透射率、反射率、折射率、吸收光谱等参数是衡量材料光学性能的重要指标。材料光学试验设备（如光谱仪、分光光度计等）通过测量材料对光的透射、反射、折射等性质，以及材料对不同波长光的吸收情况，来评估材料的光学性能。

4）材料磁学性能试验主要研究材料在磁场作用下的性能表现。在材料磁学性能试验中，磁化率、剩磁、矫顽力等参数是衡量材料磁性能的重要指标。材料磁学试验设备（如磁化率测量仪、磁滞回线测量仪等）通过施加磁场于材料样品，测量材料的磁化强度、磁感应强度等参数，来评估材料的磁性能。

5）材料声学性能试验主要研究材料在声波作用下的性能表现。在材料声学性能试验中，声速、声阻抗、声衰减、吸声系数等参数是衡量材料声学性能的重要指标。材料声学性能试验设备（如超声波检测仪、声阻抗测量仪等）通过发射声波测量声波在材料中的传播速度、衰减情况以及材料对声波的反射、吸收等特性，来评估材料的声学性能。

材料物理性能试验一　材料热学性能试验。

纳米复合薄膜通过自发调幅分解和元素热扩散等方式，增强热稳定性。对纳米复合薄膜进行热学性能试验。

（1）试验目的　采用热重分析法分析纳米薄膜的热稳定性。热重分析法利用热量测量样品的质量变化，来获得样品的热稳定性。

（2）试验设备　热重仪。

（3）试验实施步骤

1）将制备的纳米薄膜样品放入热重仪样品盘内。

2）将样品盘放入热重仪内，开始测试。

3）提高温度至约 150℃，等待 10min 使得温度平稳。

4）设置测试温度范围和升温速率。测试温度范围为室温至 800℃，升温速率为 10℃/min。

5）待测试结束，获得样品的热重曲线。

材料物理性能试验二　材料电学性能试验。

氧化锌薄膜具有独特的电阻特性，在电子领域有着广泛的应用。对氧化锌薄膜进行电阻特性试验。

（1）试验目的　采用四电极法测量氧化锌薄膜的电阻率。四电极法采用两个外置电极施加电流，两个内置电极测量电压。该方法有利于分离电流注入和电压测量的过程，从而提高了测量的准确性。

（2）试验设备　恒流源、电位差计。

（3）试验实施步骤　电阻率测试接线图如图 5-24 所示。

1）将磁控溅射得到的氧化锌薄膜材料放到测试台上，根据氧化锌薄膜材料的尺寸和形状，确定电极的大小和间距。

2）将测试仪器的电极引线连接到待测试材料的电极上，确保良好的接触。

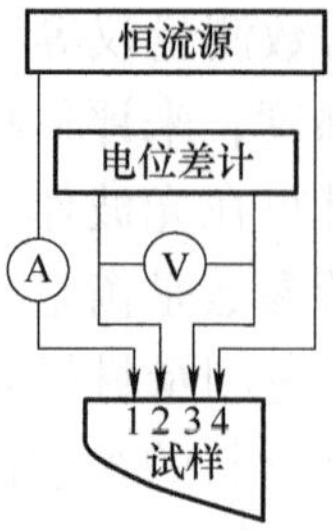

图 5-24　电阻率测试接线图

3）选择适当的电流大小，并将电流施加到待测试材料上。

4）使用电位差计测量待测试材料上的电压，获得准确可靠的测量结果。

5）计算电阻率。根据测量得到的电流和电压值，使用公式 $\rho=RA/L$ 计算电阻率，其中 ρ 为电阻率，R 为测得的电阻值，A 为电极截面面积，L 为电极间距。

材料物理性能试验三　材料光学性能试验。

玻璃纤维增强塑料质轻、耐蚀、介电性能好、可设计性强，但加入玻璃纤维，会改变塑料的光学性能。试验研究玻璃纤维增强塑料的光泽度。

（1）试验目的　测量玻璃纤维增强塑料的光泽度，即玻璃纤维增强塑料受光照射时表面反射光的能力。

（2）试验设备　光泽度计 WGG–60。

（3）试验实施步骤

1）制作试验样件，尺寸 150mm × 150mm。将试样洗净、烘干。

2）打开光泽度计电源，打开控制软件，进行系统校标。

3）将待测样品放置在光泽度计的测量台上，选择样件中心以及四角共计 5 个测量点。

4）调整光泽度计位置，使得样品和光源、探测器之间距离合适。

5）按下测量按钮，开始进行光泽度测量，并记录测量结果。

材料物理性能试验四　材料磁学性能试验。

Nd–Fe–B 永磁材料具有优异的磁性能，是能量转换系统中最有潜力的材料，在电子、机械、计算机等精密领域具有广泛的应用。试验研究 Nd–Fe–B 永磁材料的磁学性能。

（1）试验目的　测量 Nd–Fe–B 永磁材料的磁学性能。

（2）试验设备　振动样品磁强计（LakeShore 7404），其结构如图 5-25 所示。

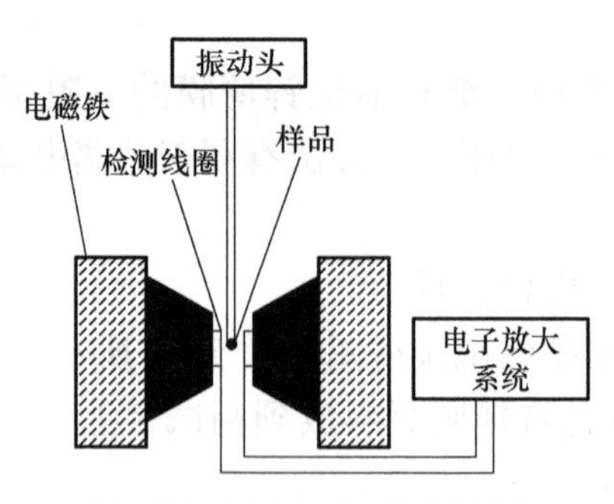

图 5-25　振动样品磁强计结构

（3）试验实施步骤

1）将镍样品固定在振动杆上进行标定。

2）标定结束后，将待测 Nd-Fe-B 永磁材料样品粉末放入样品杯中，固定在振动杆上。

3）电流模式下，打开振头，开始测量，从计算机操作软件中读取磁感应强度、矫顽力、剩磁等磁学参数。

材料物理性能试验五　材料声学性能试验。

吸声系数是材料吸声性能的重要性能指标之一，通过吸声系数测试，可以评估材料在吸收声音方面的性能表现，以便于了解吸声材料的有效性和可靠性。试验研究吸声材料的吸声系数。

（1）试验目的　测定矿棉多孔吸声材料的吸声系数。

（2）试验设备　驻波管装置（图 5-26）。

（3）试验实施步骤　采用驻波管法。

1）将吸声材料试件安装在驻波管末端。

2）设置输出信号频率，并调节信号源输出以得到适宜的音量。

3）将传声器小车（使探管在驻波管内移动）停留在除极小值外的任一位置，改变滤波器中心频率，使指示仪表得到最大读数。

4）将探管端部移至试件表面处，慢慢离开，找到一个声压极大值p_{max}，并改变放大器增益，使仪表指针正好满刻度，再移动传声器小车找出相邻的第一极小值p_{min}。

5）由 $S=|p_{max}/p_{min}|$计算出驻波比 S，由$\alpha_p=\dfrac{4S}{(1+S)^2}$计算出吸声系数 α_p 值。

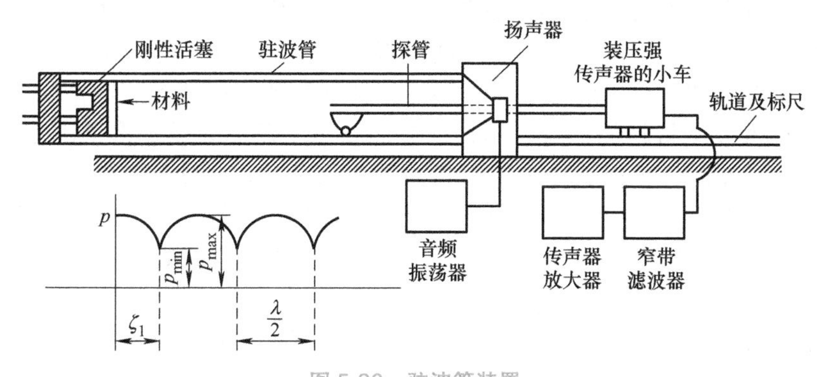

图 5-26　驻波管装置

3. 材料化学性能试验

材料化学性能是指材料在化学作用下所表现出的特性，包括其与其他化学物质反应的能力、稳定性、耐蚀性、抗氧化性等。这些性能决定了材料在特定化学环境下的行为和寿命。

材料的化学稳定性，是指材料在化学环境中能够抵抗化学变化的性质，它决定了材料在使用过程中能否保持其原有性能不变。例如，某些金属材料具有良好的化学稳定性，能够在空气中长时间保持其光泽和机械强度，而一些塑料材料则可能容易在阳光下老化，失去其原有的柔韧性和透明度。

材料的耐蚀性，是指材料在特定腐蚀介质（如酸、碱、盐等）作用下，能够抵抗破坏的能力。例如，不锈钢因含有铬和镍元素，具有很好的耐蚀性。

材料的抗氧化性，是指材料在氧化环境中抵抗氧化反应的能力。例如，一些特殊合金材料，如钛合金和镍基高温合金，具有优异的抗氧化性。

此外，材料的化学性能还包括其与其他物质的反应性，如与酸碱的反应、与有机化合物的反应等。

材料化学性能试验是对材料的化学性能进行测试和评估的过程。这种试验可以帮助我们深入了解材料在特定环境下的反应特性，从而为材料的选用、设计和优化提供重要的参考依据。

材料的化学稳定性试验主要研究材料在特定化学环境中的耐化学介质性能。在化学稳定性试验中，主要考察材料在各种化学物质、溶剂等环境中的耐化学介质能力、化学反应性等试验指标。材料的化学稳定性试验设备（如电化学工作站等）能够模拟不同的化学环境，并通过测量材料的失重、颜色变化、化学反应产物等方式来评估其化学稳定性。通过材料的化学稳定性试验，可以分析材料在化学介质中的稳定性能，以及材料在电化学环境中的电化学行为，如电化学反应等。

在化学稳定性试验中，通常选择材料的成分、结构、表面状态等作为试验因素，考察其对化学稳定性的影响。例如，材料的成分和结构决定了其化学稳定性和反应活性；材料的表面状态则可能影响其与化学介质的接触和反应。

材料的耐蚀性能试验主要研究材料在特定腐蚀环境下抵抗腐蚀破坏的能力。腐蚀是材料在环境介质（如大气、水、酸、碱、盐等）作用下，发生化学反应或电化学反应而导致的损坏现象。在耐蚀性能试验中，通常需要考虑多种腐蚀环境，如酸性、碱性、盐雾、湿热等。材料的耐蚀性能试验设备（腐蚀试验箱、电化学工作站等）能够模拟各种腐蚀环境，并通过测量材料的失重、腐蚀速率、腐蚀产物等参数来评估其耐蚀性能。

材料的耐蚀性能受材料的成分、结构、表面状态、环境介质等多种因素影响。因此，在进行耐蚀性能试验时，可以选择上述因素为试验因素，并选择合适的试验方法和参数设置。例如，对于金属材料，可以通过电化学腐蚀试验来评估其在电化学环境中的耐蚀性能；对于非金属材料，则可以通过浸泡试验、盐雾试验等方法来评估其在不同腐蚀环境下的性能表现。

材料的抗氧化性能试验主要研究材料在特定环境下抵抗氧化反应的能力。在进行抗氧化性能试验时，通常会将材料置于特定的试验环境中，如高温氧化炉、气氛炉等。在这些设备中，材料会受到高温和氧气的共同作用，从而发生氧化反应。在氧化反应过程中，可以通过观察材料的外观变化、测量其质量损失、分析氧化产物的种类和数量等指标，来评估材料的抗氧化性能。

材料的抗氧化性能与材料的化学成分、晶体结构、微观组织以及表面状态等因素密切相关。因此，进行抗氧化性能试验时，会综合考虑上述因素，来评估材料的抗氧化性能。

当然，还有材料的其他化学性能试验，并且在材料化学性能试验中，还会使用各种先进的测试设备和仪器，如扫描电子显微镜、能谱仪、热重分析仪等，以获取更精确、更全面的材料性能数据。

材料化学性能试验一　材料化学稳定性试验。

陶瓷材料是电子信息、集成电路、移动通信、能源技术和国防军工等现代高新技术领域的重要基础材料，其化学稳定性是确保电子元器件长期稳定运行的关键因素之一。对电子元器件结构中的陶瓷材料进行化学稳定性试验。

（1）试验目的　对陶瓷材料在酸性试剂中的化学稳定性进行试验。

（2）试验设备　分析天平、电热恒温水浴锅、干燥器等。

（3）试验实施步骤

1）配制盐酸（化学纯）与蒸馏水比例为 1∶9 的酸性试剂。

2）将无缺陷陶瓷试样用去污粉擦拭，并置于盛有 50mL 无水乙醇的烧杯中，在超声波清洗机中清洗 5min。用蒸馏水冲洗，无水乙醇脱水，烘箱中烘烤保温 30min，自然冷却至室温。

3）用分析天平称取试样质量 m_1。

4）将配制的 100mL 盐酸溶液置于 200mL 烧杯中。

5）将电热恒温水浴锅中盛满蒸馏水，加热至沸腾，将步骤 4）的烧杯放入蒸馏水中，继续加热至烧杯中的溶液沸腾，将陶瓷试样放入烧杯中，烧杯上盖表面皿。

6）保温 1h，将试样用蒸馏水冲洗，无水乙醇脱水，烘箱中烘烤保温 30min，自然冷却至室温。称取试样质量 m_2。计算 $\Delta m=m_1-m_2$。

材料化学性能试验二　材料耐蚀性能试验。

奥氏体不锈钢稳定的面心立方晶体结构，使其具有良好的塑性和可加工性，可以通过冷加工、热加工等方式进行成形和加工，能够在多种腐蚀性环境中保持良好的性能。其在建筑、汽车、航空航天、化工、食品加工等多个行业中都有广泛的应用。对奥氏体不锈钢材料进行耐蚀性能试验。

（1）试验目的　采用硫酸 - 硫酸铁腐蚀试验方法获得奥氏体不锈钢材料的耐蚀性能。

（2）试验设备　容量为 1L，带回流冷凝器的磨口锥形瓶、分析天平。

（3）试验实施步骤

1）配制试验溶液，硫酸（化学纯）用蒸馏水配制成质量百分比为 50% 的硫酸溶液，取 600mL 该溶液加入 25g 硫酸铁，加热溶解配制成试验溶液。

2）测量不锈钢材料试样的质量 m_1 以及表面积 S，将试样放在试验溶液中，并保持于溶液中部，连续煮沸一定时间 t，一般为 120h。

3）试验后取出试样，刷除表面腐蚀产物，洗净、干燥，称重 m_2。

4）计算腐蚀速率：$\dfrac{m_1-m_2}{St}$。

材料化学性能试验三　材料抗氧化性能试验。

GH4169 在 650℃以下具有极高的屈服强度和抗拉强度，具有良好的抗蠕变性能和耐蚀性，同时易于加工成形和焊接，是制造高温部件的理想材料，是航空工业不可或缺的关键材料之一。对 GH4169 进行抗氧化性能试验。

（1）试验目的　采用重量增加法测定高温下合金抗氧化性能。

（2）试验设备　加热炉、分析天平、氧化皮清洗装置等。

（3）试验实施步骤

1）测量试样尺寸，计算表面积 S；用酒精清洗试样，吹干后放进干燥器内，静置 1h 后称量其质量 m_0

2）将试样放入坩埚中称重 m_1，在炉温上升到试验温度时，将试样置于坩埚中心位置，并投放到炉内均温区，待炉内温度回升到试验温度时，记为试验开始时间。

3）100h 出炉，空气中冷却，及时盖上坩埚盖，防止氧化皮外溅。待试样冷却后，将装有试样的坩埚放进干燥器内，天平称重 m_2。

4）计算单位面积氧化增重：$\frac{m_2 - m_1}{S}$。

材料试验的实施主要是在材料制备试验和材料性能试验两方面。

在材料制备试验中，不仅需要考虑材料的制备方法，还需要深入探索与分析各种加工和改性技术对于材料宏微观结构的调整，以及制备过程中因素（如压力、温度等）对材料性能的影响。

在材料性能试验中，则需要对材料的各种力学、物理和化学性能（如材料的强度、硬度、韧性、耐磨性、耐蚀性、热稳定性等）进行全面测试与评估。同时，材料性能试验还需要考察材料在不同条件、不同因素影响下的性能变化规律。

通过材料制备试验和材料性能试验的综合运用，能够更好地了解材料的性能和制备机制、影响因素及其影响规律，为材料的设计、制备和应用提供科学依据。

5.3 材料试验干扰控制

在试验实施过程中，条件因素的影响使试验数据中含有试验误差，试验误差的大小决定着试验数据的精准程度，直接影响试验结果分析的可靠性。

误差是由于试验实施过程中存在干扰而产生的，误差的影响是随机的。为了保证试验结果的精确度，各种试验组合的处理必须在基本均匀一致的条件下进行，尽量控制误差。若要保证试验条件基本均匀一致和有效控制误差，需要做到：

1）对于验证性试验，要求规定统一的检验标准与试验条件。试验时必须严格按照规定的标准和条件进行。

2）对于探索性试验，必须遵守试验设计的三条基本原则：重复试验、随机化和区组设计。

5.3.1 重复试验

所谓重复试验是指在试验中，在相同的试验条件下，将同一个组合处理进行 n 次实施，称为 n 次重复试验。所实施的试验数 n 称为试验重复数。重复试验的目的是估计试验误差，提高试验精度，扩大试验的适应性与代表性。

5.3.2 试验随机化

随机化是在区组设计和重复试验中，对未能控制和未被发现的随机干扰做进一步控制的措施。实质是通过排列上的机会均等消除某些组合处理可能占有的某种优势或劣势，使试验条件均匀。

随机化的方法有两种：

（1）完全随机化　不靠主观意识而完全由机会决定，可以通过抓阄、掷骰子或查随机数据表来确定试验的顺序和区组的位置。

（2）部分随机化　在完全随机化的基础上进行有意识的调整，减少调整困难的水平的更换次数，避免某些组合处理间的相互影响。

5.3.3　试验区组设计

1. 区组定义

把全部试验单元分为若干个组，使得每个组内各试验单元之间试验条件相同或近似，而组与组之间在试验条件上有较大差异，这样的组即为区组。区组中包含试验的个数称为区组的大小。

2. 区组设计

利用区组合理安排试验方案的设计方法称为区组设计。区组设计的关键是按均衡分布思想安排试验的时间顺序与空间位置，以保证试验条件均匀一致。

区组设计一般分三步进行。第一步是划分区组，将试验条件相近的试验划为同一组，区组内试验条件变化较小，区组间试验条件变化较大。如考虑试验仪器设备差异对试验结果的影响，可以将试验按照仪器设备进行区组划分。第二步是将区组内的试验随机化，将区组内的组合处理随机排列。第三步是将区组进行随机化，将试验中划分的区组进行随机排列。

区组设计的目的是通过将试验条件基本一致的试验划分为同一区组，从而降低差异，减小误差。

5.4　试验设计干扰控制方法

试验设计的三大基本原则之间有密切的关系，并且区组设计是核心，贯穿于随机化、重复试验之中。通过区组设计、随机化以及重复试验三大措施的综合应用，可以有效控制试验干扰。目前，试验干扰的控制主要是针对单向和两向干扰进行控制。单向干扰是有一个条件因素对试验指标影响大。两向干扰则是有两个条件因素对试验指标影响大。

利用三大原则进行试验设计干扰控制，针对不同数量的干扰，其控制方法也不同。

5.4.1　单向干扰控制

单向干扰指试验中对试验指标造成影响的条件因素只有一个。控制方法主要有完全区组设计与不完全区组设计。

1. 完全区组设计

区组大小（区组中所含试验单元数）等于试验组合处理数，这样的区组设计即为完全区组设计。完全区组设计时，试验组合处理数较少，一般为 2 ～ 4 个，不超过 9 个。区组个数等于重复试验次数，有几个区组就重复几次。区组设计与试验方案无关，是相互独立的，先方案后区组。

图 5-27 所示为完全区组设计，在进行完全区组设计时，应该有重复试验，并且试验号即试验顺序进行了随机化。值得注意的是，对于图 5-27，如果 B 因素水平更换较为困难，则为了试验便利，试验号在完全随机化的基础上进行调整，即进行了部分随机化处理，消除了各试验对应的条件优劣不均，因此，方案Ⅲ在本次区组设计中干扰控制实施最好。

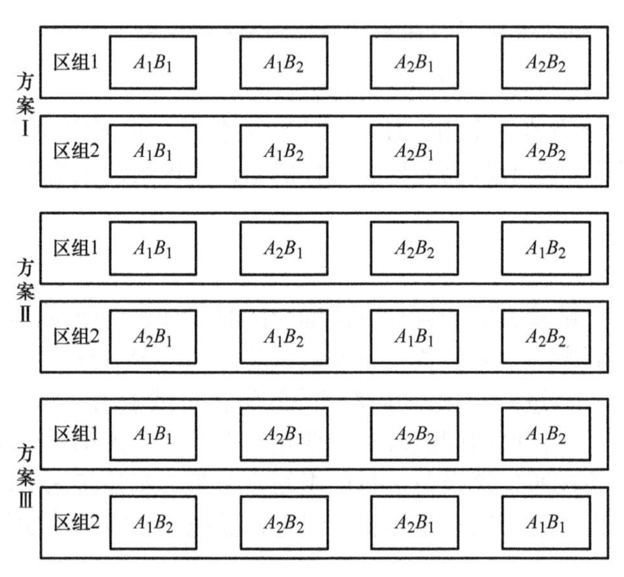

图 5-27　完全区组设计

2. 不完全区组设计

区组大小（区组中所含试验单元数）小于试验组合处理数，这样的区组设计即为不完全区组设计。例如，对于有 9 个试验组合处理的试验，重复试验次数为 2，将其划分为 6 个区组，则每个区组有 3 次试验，见表 5-22。

表 5-22　不完全区组设计

区组	试验号
Ⅰ	1，5，9
Ⅱ	2，6，7
Ⅲ	3，4，8
Ⅳ	1，2，8
Ⅴ	3，5，9
Ⅵ	4，6，7
Ⅶ	3，5，7
Ⅷ	2，4，6
Ⅸ	1，8，9

5.4.2　两向干扰控制

在试验中同时存在两种必须控制的干扰即为两向干扰。两向干扰控制主要利用正交表和拉丁方表来实现。本节主要介绍正交表区组设计。

控制两向干扰需要占正交表的两列，均为不完全区组设计。

例 5-1　某材料制备工艺条件试验，试验因素及其水平见表 5-23，交互作用均可忽略，试验指标为滑转率。

表 5-23　某材料制备工艺试验因素水平表

水平	因素			
	A 反应温度 /℃	B 反应时间 /min	C 压力 /atm	D 催化剂
1	300	20	200	甲
2	320	30	300	乙

注：1atm=101325Pa。

（1）干扰因素　试验中存在的两个干扰因素，分别是反应设备 G_1 和条件因素 G_2。选择正交表安排试验方案，在设计表头时，先安排因素后安排干扰，将因素安排在第 1、2、3、4 列，干扰可以安排在 5、6、7 三列中任一列。考虑因素 A 和 D 的更换水平较困难，为减少其更换次数，将 G_1 安排在第 5 列更合适。试验方案见表 5-24。

表 5-24　试验方案

试验号	因素				G_1	G_2	y_i	y_i'
	A 反应温度	B 反应时间	C 催化剂	D 压力				
1	1	1	1	1	1	1	2.0	1.7
2	1	1	1	2	2	2	1.5	1.8
3	1	2	2	1	1	2	4.9	4.1
4	1	2	2	2	2	1	3.6	4.4
5	2	1	2	1	2	1	4.2	5.0
6	2	1	2	2	1	2	6.1	5.3
7	2	2	1	1	2	2	3.1	3.4
8	2	2	1	2	1	1	3.8	3.5

（2）列出两向干扰控制表　将正交表 G_1、G_2 列各水平的不同组合所对应的试验号分组，并分别放在 G_1、G_2 组成的二元搭配表中相应位置，见表 5-25。为减少因素 A 和 D 的

水平更换次数，试验顺序为 1 → 3 → 6 → 8 和 4 → 2 → 7 → 5。

表 5-25　两向干扰控制表

		G_1			
		Ⅰ		Ⅱ	
G_2	Ⅰ	1	8	4	5
	Ⅱ	3	6	2	7

（3）试验结果分析　试验结果分析如下：

1）计算试验指标的平均值，即

$$\overline{y}=\frac{1}{a}\sum_{i=1}^{a}y_i=3.65$$

2）计算两向干扰各区组对应试验指标的平均值，即

$$k_{1\mathrm{I}}=(y_1+y_3+y_6+y_8)/4=4.2$$
$$k_{1\mathrm{II}}=(y_2+y_4+y_5+y_7)/4=3.1$$
$$k_{2\mathrm{I}}=(y_1+y_4+y_5+y_8)/4=3.4$$
$$k_{2\mathrm{II}}=(y_2+y_3+y_6+y_7)/4=3.9$$

3）计算各区组效应γ_k，即

$$\gamma_{1\mathrm{I}}=k_{1\mathrm{I}}-\overline{y}=0.55$$
$$\gamma_{1\mathrm{II}}=k_{1\mathrm{II}}-\overline{y}=-0.55$$
$$\gamma_{2\mathrm{I}}=k_{2\mathrm{I}}-\overline{y}=-0.25$$
$$\gamma_{2\mathrm{II}}=k_{2\mathrm{II}}-\overline{y}=0.25$$

将各组效应值填入两向干扰表中，见表 5-26。

表 5-26　指标矫正

		G_1				k_{2i}	γ_{2i}
		Ⅰ		Ⅱ			
G_2	Ⅰ	2.0	3.8	3.6	4.2	3.4	−0.25
	Ⅱ	4.9	6.1	1.5	3.1	3.9	0.25
k_{1i}		4.2		3.1			
γ_{1i}		0.55		−0.55			

4）计算试验指标矫正值，将试验指标实测值减去干扰 G_1 和 G_2 分别对应的区组效应γ_{1i}

和γ_{2i}，并将结果填入表 5-26 中，作为试验指标进行结果分析。经过干扰控制之后的试验指标，其误差得到有效减小，在数据分析时更加准确。

思　考　题

5-1　简述材料试验设备的重要性。
5-2　简述材料试验设备的分类有哪些，材料试验分为哪两类?
5-3　若要保证试验条件基本均匀一致和有效控制误差，需要如何做?
5-4　试验设计的三条基本原则是什么?
5-5　试验设计三原则中，核心是什么?

第6章

材料试验数据处理

6.1 极差分析

极差分析主要是通过计算和判断确定因素的主次和最优组合。计算第j因素k水平所对应的试验指标和y_{jk}，并求其平均值$\overline{y}_{jk}$，由$\overline{y}_{jk}$的大小判断第j因素的优水平，各因素的优水平的组合即最优组合。第j因素极差R_j计算式为

$$R_j = \max\{\overline{y}_{j1},\ \overline{y}_{j2},\cdots\} - \min\{\overline{y}_{j1},\ \overline{y}_{j2},\cdots\}$$

R_j反映了第j因素水平变动时试验指标的变化幅度。R_j越大，说明该因素对试验指标的影响越大。因此，根据R_j的大小判断因素的主次。

极差分析适用于精度要求不高，或初步筛选因素的试验中。但极差分析不能估计试验误差，不能把试验中由于试验因素改变引起的数据波动同试验误差引起的数据波动区别开来。同时，对影响试验结果的各因素的重要程度不能给以精确的数量估计，也不能提供一个标准，用来判断考察因素的作用是否显著。

6.2 方差分析

设有一组相互独立的试验数据y_1，y_2,$\cdots$，y_n，其均值为$\overline{y}$，则差值$y_i - \overline{y}(i = 1,2,\cdots,n)$称为这组数据的偏差。偏差的大小通常用样本方差（或均方和、均方）$\hat{\sigma}^2$来表示。在数理统计中，总体方差被定义为

$$\sigma^2 = D(y) = E\left\{\left[y - E(y)\right]^2\right\}$$

式中，$y=y_1,y_2,\cdots,y_n$；$E(y)$是 y 的数学期望。

其估计值，即样本方差为

$$\hat{\sigma}^2=S/f$$

式中，$S=\sum_{i=1}^{n}(y_i-\bar{y})^2$称为这组数据$y_i$的偏差平方和；$f$是$S$的自由度。

根据费希尔偏差平方和加和性原理，在偏差平方和分解的基础上借助F检验法，对影响总偏差平方和的各因素效应及其交互效应进行分析，这种分析方法就称为方差分析。方差分析的一般程序如下：

1）由试验数据计算各项偏差平方和及其相应的自由度，并算出各项方差估计值。

2）计算并确定试验误差方差估计值$\hat{\sigma}_e^2$。

3）计算检验统计量F值，给定显著性水平α，将 F 值同其临界值F_α进行比较。

4）将方差分析过程与结果列成方差分析表。

将方差分析应用于正交设计，主要解决如下问题：①估计试验误差并分析其影响；②判断试验因素及其交互作用的主次与显著性；③给出所做结论的置信度；④确定最优组合及其置信区间。

6.2.1　等水平试验的方差分析

设选用正交表$L_a(b^c)$进行正交试验，应用方差分析法处理其试验结果时，主要包括：计算偏差平方和及其自由度；显著性检验；确定最优组合及其置信区间。

1. 计算偏差平方和及其自由度

计算总偏差平方和S，列偏差平方和$S_j(j=1,2,\cdots,c)$及其相应的自由度f、f_j。

无重复试验时，总偏差平方和为

$$S=\sum_{i=1}^{a}(y_i-\bar{y})^2=\sum_{i=1}^{a}y_i^2-\frac{1}{a}\left(\sum_{i=1}^{a}y_i\right)^2$$

第 j 列偏差平方和 S_j为

$$S_j=\frac{a}{b}\sum_{k=1}^{b}(\bar{y}_{jk}-\bar{y})^2=\frac{b}{a}\sum_{k=1}^{b}y_{jk}^2-\frac{1}{a}\left(\sum_{i=1}^{a}y_i\right)^2$$

当 $b=2$时，列偏差平方和可简化为

$$S_j=\frac{1}{a}(y_{j1}-y_{j2})^2=\frac{1}{a}\Delta_j^2=\frac{a}{b^2}R_j^2$$

总偏差平方和的自由度为

$$f=a-1$$

第 j 列偏差平方和的自由度为

$$f_j = b - 1$$

此外，总偏差平方和 S 等于正交表所有列偏差平方和之和，也等于所有试验因素、试验考察的交互作用和空列偏差平方和之和；其自由度 f 等于各列自由度之和，也等于试验因素、试验考察的交互作用和空列的自由度之和，即

$$S = \sum_{j=1}^{c} S_j = \sum_{c_{因}} S_j + \sum_{c_{交}} S_j + \sum_{c_{空}} S_j$$

$$f = \sum_{j=1}^{c} f_j = \sum_{c_{因}} f_j + \sum_{c_{交}} f_j + \sum_{c_{空}} f_j$$

式中，$c_{因}$、$c_{交}$ 和 $c_{空}$ 分别是试验因素、试验考察的交互作用和空列在正交表中所占的列数，且 $c = c_{因} + c_{交} + c_{空}$。

当某个交互作用占有正交表的某几列时，该交互作用的偏差平方和就等于所占各列偏差平方和之和，其自由度也等于所占各列自由度之和。

2. 显著性检验

对 k 水平因素 A 进行 F 检验，根据计算统计量，则有

$$F_A = \frac{S_A / f_A}{S_e / f_e}$$

式中，S_A 是因素 A 的偏差平方和；f_A 是因素 A 的自由度；S_e 是误差偏差平方和；f_e 是误差自由度。试验误差的偏差平方和等于正交表中所有空列偏差平方和之和，其自由度也等于所有空列的自由度之和，即

$$S_e = \sum_{c_{空}} S_j$$

$$f_e = \sum_{c_{空}} f_j$$

某因素或交互作用所在列的偏差平方和很小时，可将该列偏差平方和作为试验误差偏差平方和的一部分。通常把显著性水平 $\alpha > 0.25$ 的因素或交互作用的偏差平方和归入试验误差的偏差平方和，其自由度也一并归入。

在具体施行 F 检验时，各因素及交互作用的 $F_{比}$ 可在 S_j、S_e 和 f_j、f_e 计算的基础上直接在正交表中列算，然后相应标出其显著性水平 α。

例 6-1 某材料试验是二水平试验，试验指标越小越好。表 6-1 为该试验的试验方案及结果分析。

可得 $S_e = S_{A \times C} + S_{空} = 4.26$，$f_e = f_{A \times C} + f_{空} = 2$。

方差分析表见表 6-2。

表 6-1　试验方案及结果分析

试验号	因素							y_i
	A	B	$A\times B$	C	$A\times C$		D	
1	1	1	1	1	1	1	1	2
2	1	1	1	2	2	2	2	8
3	1	2	2	1	1	2	2	4
4	1	2	2	2	2	1	1	7
5	2	1	2	1	2	1	2	4
6	2	1	2	2	1	2	1	3
7	2	2	1	1	2	2	1	−4
8	2	2	1	2	1	1	2	1
y_{j1}	21	17	7	6	10	14	8	
y_{j2}	4	8	18	19	15	11	17	
Δ_j	17	9	11	13	5	3	9	
Δ_j^2	289	81	121	169	25	9	81	
S_j	36.13	10.13	15.13	21.13	3.13	1.13	10.13	
F_j	16.96	4.76	7.10	9.92	—	—	4.76	
α_j	0.1	0.25	0.25	0.1	—	—	0.25	

表 6-2　方差分析表

方差来源	偏差平方和	自由度	均方和	$F_{比}$	显著性水平α
A	$S_A=36.13$	1	36.13	16.96	0.1
B	$S_B=10.13$	1	10.13	4.76	0.25
$A\times B$	$S_{A\times B}=15.13$	1	15.13	7.10	0.25
C	$S_C=21.13$	1	21.13	9.92	0.1
D	$S_D=10.13$	1	10.13	4.76	0.25
误差	$S_e=4.26$	2	2.13	—	—
总和	$S=96.91$	7	$F_{0.25}=(1,2)=2.57$　$F_{0.1}(1,2)=8.53$ $F_{0.05}(1,2)=18.5$		

6.2.2　重复试验的方差分析

用$L_a(b^c)$正交表进行试验方案设计，如果每项试验重复T次，则试验数据的总偏差平方和S及其自由度f为

$$S=\sum_{i=1}^{a}\sum_{t=1}^{T}(y_{it}-\overline{y})^2=\sum_{i=1}^{a}\sum_{t=1}^{T}y_{it}^2-\frac{1}{aT}\left(\sum_{i=1}^{a}\sum_{t=1}^{T}y_{it}\right)^2$$

$$S = W - P$$

$$f = aT - 1$$

式中，y_{it}是第i号试验的第t次重复试验的结果，$t=1,2,\cdots,T$；$\bar{y}$是试验数据的总平均值；$W=\sum_{i=1}^{a}\sum_{t=1}^{T}y_{it}^2$；$P=\frac{1}{aT}\left(\sum_{i=1}^{a}\sum_{t=1}^{T}y_{it}\right)^2$。

列偏差平方和S_j及其自由度f_j为

$$S_j = Q_j - P$$

$$f_j = b - 1$$

式中，$Q_j=\frac{b}{aT}\sum_{k=1}^{b}y_{jk}^2$。$S_j$的自由度$f_j$等于水平数减 1。

当$b=2$时，$S_j=\frac{1}{aT}(y_{j1}-y_{j2})^2$。

试验误差的偏差平方和及自由度为

$$S_e = S_{e2}$$

$$f_e = f_{e2}$$

式中，S_{e2}是纯试验误差的偏差平方和，完全是由重复试验引起的；f_{e2}是S_{e2}的自由度。

$$S_{e2} = W - Z$$

$$f_{e2} = a(T-1)$$

式中，$Z=\frac{1}{T}\sum_{i=1}^{a}(\sum_{t=1}^{T}y_{it})^2$。

当$T=2$时，

$$S_{e2}=\frac{1}{2}\sum_{i=1}^{a}(y_{i1}-y_{i2})^2$$

如果正交表中留有空列，则试验误差由两部分组成，即

$$S_e = S_{e1} + S_{e2}$$

$$f_e = f_{e1} + f_{e2}$$

式中，$S_{e1}=\sum_{c_{空}}S_j$；$f_{e1}=\sum_{c_{空}}f_j$。

例 6-2 某材料试验是三水平试验，选用$L_9(3^4)$正交表安排试验，每项试验重复 3 次，试验指标越小越好。表 6-3 为该试验的试验方案及结果分析。

表 6-3　重复试验的试验方案及结果分析

试验号	因素				y_{i1}	y_{i2}	y_{i3}	y_{i1}^2	y_{i2}^2	y_{i3}^2	$\sum y_i = \sum_{t=1}^{T} y_{it}$	$\sum y_i^2$
	A	B	C	D								
1	1	1	1	1	−1	−2	0	1	4	0	−3	9
2	1	2	2	2	0	−1	3	0	1	9	2	4
3	1	3	3	3	−1	0	2	1	0	4	1	1
4	2	1	2	3	−3	−2	2	9	4	4	−3	9
5	2	2	3	1	−4	−5	0	16	25	0	−9	81
6	2	3	1	2	−6	−6	−6	36	36	36	−18	324
7	3	1	3	2	4	0	−1	16	0	1	3	9
8	3	2	1	3	3	3	2	9	9	4	8	64
9	3	3	2	1	−4	−1	−1	16	1	1	−6	36
y_{j1}	0	−3	−13	−18	−12	−14	1	104	80	59	−25	537
y_{j2}	−30	1	−7	−13								
y_{j3}	5	−23	−5	6								
y_{j1}^2	0	9	169	324								
y_{j2}^2	900	1	49	169								
y_{j3}^2	25	529	25	36								
Q_j	102.78	59.89	27.00	58.78								
S_j	79.63	36.74	3.85	35.63								
F_j	11.74	5.41	—	5.25								
α_j	0.01	0.05	—	0.05								

$W = \sum_{i=1}^{a}\sum_{t=1}^{T} y_{it}^2 = 104+80+59 = 243 \quad P = \frac{1}{aT}\left(\sum_{i=1}^{a}\sum_{t=1}^{T} y_{it}\right)^2 = \frac{1}{27}\times(-25)^2 = 23.15$

$Q_j = \frac{b}{aT}\sum_{k=1}^{b} y_{jk}^2 = \frac{1}{9}\sum_{k=1}^{3} y_{jk}^2 \quad Z = \frac{1}{T}\sum_{i=1}^{q}\left(\sum_{t=1}^{T} y_{it}\right)^2 = \frac{1}{3}\times 537 = 179$

$S = W - P = 219.85 \quad f = 26$

$S_j = Q_j - P = Q_j - 23.15 \quad f_j = 2$

$S_{e2} = W - Z = 64 \quad f_{e2} = 18$

$F_{0.1}(2,20)=2.59$，$F_{0.05}(2,20)=3.49$，$F_{0.01}(2,20)=5.58$

6.2.3 不等水平试验设计方差分析

1. 混合型正交表上的方差分析

混合型正交设计的方差分析，方法步骤基本与等水平数正交设计的方差分析相同，只要注意

$$S_j = \frac{b_j}{a}\sum_{k=1}^{b} y_{jk}^2 - \frac{1}{a}(\sum_{i=1}^{a} y_i)^2$$

$$f_j = b_j - 1$$

式中，b_j是第j列的水平数。

2. 并列法

并列法的方差分析与混合型正交设计的方差分析相同，如对于表6-4的并列法设计方案，有

$$S_A = S_1 + S_2 + S_3$$

$$f_A = f_1 + f_2 + f_3 = b_A - 1$$

$$S_{A\times B} = S_5 + S_6 + S_7$$

$$f_{A\times B} = f_5 + f_6 + f_7 = (b_A - 1)(b_B - 1)$$

表 6-4 并列法设计方案

因素	A			B	$A\times B$		
列号	1	2	3	4	5	6	7

3. 赋闲列法

表6-5为赋闲列法试验方案，有

$$S_A = S_2 + S_3，S_B = S_4 + S_5，S_C = S_6 + S_7，S_{C\times D} = S_{14} + S_{15}$$

$$f_A = f_2 + f_3，f_B = f_4 + f_5，f_C = f_6 + f_7，f_{C\times D} = f_{14} + f_{15}$$

表 6-5 赋闲列法试验方案

因素	赋闲	A		B		C		D						$C\times D$	
列号	1	2	3	4	5	6	7	8	9	10	11	12	13	14	15

4. 追加法

在用追加法进行正交设计时，试验结果分析必须用计算数据y_i'。若选择$L_a(b^c)$正交表，因素A为追加q个水平的因素，那么

$$N=(q+1)a$$

$$M=(1+\frac{q}{b})a=a+n$$

式中，N 是基本表和追加表试验次数总和；M 是实际试验次数；n 是追加的试验次数。

因素 A 的偏差平方和为

$$S_A=\sum_{k=1}^{b+q}\lambda_k y_{Ak}^2-\frac{1}{N}(\sum_{i=1}^{M}y_i')^2$$

$$f_A=b+q-1$$

式中，y_{Ak}是 A 因素 k 水平所对应的指标y_i'合计值。

$$\lambda_k=\begin{cases}b/a, & k\text{为代换水平和追加水平时}\\ b/N, & k\text{为非代换水平时}\end{cases}$$

其余非追加水平因素及偏差平方和自由度为

$$S_j=\frac{b}{N}\sum_{k=1}^{b}y_{jk}^2-\frac{1}{N}(\sum_{i=1}^{M}y_i')^2$$

$$f_j=b-1$$

总偏差平方和及其自由度为

$$S=\sum_{i=1}^{N}(y_i-\overline{y})^2=\sum_{i=1}^{M}\lambda_i y_i^2-\frac{1}{N}(\sum_{i=1}^{M}\lambda_i y_i)^2$$

$$f=M-1$$

式中，$\lambda_i=\begin{cases}q+1, & i\text{对应于非代换水平所指的试验号时；}\\ 1, & i\text{对应于代换水平及追加水平所指的试验号时。}\end{cases}$

一般情况下，追加试验使$S>\sum_{j=1}^{c}S_j$，$f>\sum_{j=1}^{c}f_j$，多余的偏差平方和与自由度可用来估计整体误差。

$$S_{e1}=S-\sum_{j=1}^{c}S_j$$

$$f_{e1}=f-\sum_{j=1}^{c}f_j$$

若有空列，则一并作为S_{e1}。

由于S_j、S_A、S_{e1}中包含的试验误差不一致，为了保证上述各偏差均方和都是方差σ^2的无偏估计，各偏差平方和需分别乘上修正系数。

$$\frac{1}{K_j}=\frac{1}{f_j}\left[\frac{3a-M}{a}(b-1)+q\right]$$

$$\frac{1}{K_{e1}}=\frac{1}{f_{e1}}\left(2a-\frac{3a-M}{a}-\sum_{j-1}^{c}\frac{f_j}{k_j}\right)$$

式中，K_j是各因素（包括追加水平因素）的偏差平方和修正系数；K_{e1}是S_{e1}的修正系数。

5. 拟水平法

当拟水平设计而无赋闲列时，若因素 A 有b_A个水平，因素 A 被安排在正交表的 b 水平列上，$b_A<b$，第b_A+r水平为因素 A 的拟水平，且将b_A中重点考察水平的值作为拟水平值（通常 r=1，2），有

$$S_A=\frac{b}{a}\sum_{k=1}^{b_A}\lambda_k y_{Ak}^2-\frac{1}{a}(\sum_{i=1}^{a}y_i)^2$$

$$f_A=b_A-1$$

式中，$\lambda_k=\begin{cases}\frac{1}{1+r}, & \text{当}k\text{水平被作为拟水平值时；}\\ b/N, & \text{当}k\text{为其他水平时。}\end{cases}$

非拟水平因素的S_j及f_j与等水平计算相同。

在拟水平设计时，拟水平因素的偏差平方和S_A并不等于其所占列的偏差平方和S_a，其差为误差偏差平方和S_{e3}（S_{e3}是由于拟水平的设计方法造成的），而误差自由度f_{e3}为列自由度f_a与因素 A 自由度f_A之差。

$$S_{e3}=S_a-S_A$$

$$f_{e3}=f_a-f_A=(b-1)-(b_A-1)=b-b_A$$

6. 组合因素法

将 2 个二水平因素 C、D 组合成 1 个三水平因素$\overline{CD}$，且安排在$L_a(3^c)$正交表的某列上，若因素 C、D 间交互作用可忽略，则

$$\begin{cases}S_C=\frac{3}{2a}(y_{\overline{CD}_3}-y_{\overline{CD}_1})^2\\ S_D=\frac{3}{2a}(y_{\overline{CD}_2}-y_{\overline{CD}_1})^2\end{cases}$$

式中，$y_{\overline{CD}_k}(k=1,2,3)$是组合因素 $\overline{CD}$ 第 k 水平所对应的试验指标和；S_C和S_D的自由度分别为其因素水平数减 1。

其余非组合因素的偏差平方和及自由度与等水平计算相同。

当因素 C、D 间有明显的交互作用时，将它们的所有水平组合作为组合因素 $\overline{CD}$ 的水平，计算组合因素的偏差平方和 $S_{\overline{CD}}$ 以检验 $C \times D$ 的显著性，并根据组合因素 $\overline{CD}$ 各水平所对应的指标值直接判断 $C \times D$ 的优搭配，而不必考察因素 C、D 的单独作用。

6.2.4　误差分析与试验水平

1. 误差分析

误差分为整体误差和局部误差。整体误差主要有模型误差和纯试验误差：正交表空列得到的误差称为模型误差 e_{M}；由重复试验得到的误差是纯试验误差 e，反映了试验单元间的差异。

整体误差包括由拟水平法产生的拟水平误差 e_{N}，由追加法产生的追加试验误差 e_{Z}，由非饱和正交表产生的列外误差 e_{W}。

取样误差 e_{s} 是由重复取样得到的误差，它反映了单元内部的误差。

通常情况下，$e_{\mathrm{s}} < e < e_{\mathrm{M}}$。

为提高 F 检验的灵敏度，除了将上述各类整体误差进行归并外，还常常将某些偏差平方和较小的因素或交互作用的效应归并于试验误差。归并的一般原则是：

1）偏差平方和与零相差无几。

2）F 比值小于或等于 1。

3）与其他偏差平方和比较，相差一个或几个量级。

4）显著性水平 $\alpha \geqslant 0.25$。

2. 优水平的确定

对归并前后显著性水平 α 不变的显著因素应取其优水平，α 不变的显著交互作用应取其优搭配。对归并前后，显著性水平 α 变化较大的因素或交互作用应根据试验要求权衡利弊后进行选择，再根据贡献率 β 加以判断。

贡献率 β 是指试验因素、交互作用以及试验误差对试验指标的总波动所做的贡献大小，通常用百分比表示，即

$$\beta = \frac{S_j - \dfrac{S_e}{f_e} f_j}{S} \times 100\%$$

3. 试验水平

试验水平是指试验成果的质量。试验水平的高低通常反映试验成果的优劣。通常用变异系数 C_{v} 衡量试验水平的高低，即

$$C_{\mathrm{v}} = \hat{\sigma}_e / \bar{y}$$

式中，$\hat{\sigma}_e$ 是误差的均方差。

试验水平在$C_v < 5\%$时属于优等；$C_v = 5\% \sim 10\%$时属于一般；$C_v > 10\%$时属于不良。

6.3 试验指标的估计及最优组合的置信区间

6.3.1 试验指标的估计

在试验结果分析中，最优组合往往不在已做试验中，需要估计最优组合的试验指标值；有时也需估计其他未在试验中出现的组合处理的指标值。

若最优组合为$A_2\ B_1\ C_2\ D_2$，该组合处理在$L_8(2^7)$中并没有出现，因此需要估计其试验指标值。

对于考察$A \times B$的二水平试验，最优组合的试验指标估计值为

$$\hat{y}_{优} = \hat{\mu} + \hat{a}_2 + \hat{b}_1 + \hat{c}_2 + \hat{d}_2 + (\hat{a}b)_{21}$$

式中，$\hat{\mu} = \bar{y}$；$\hat{a}_2 = \bar{y}_{A_2} - \bar{y}$；$\hat{b}_1 = \bar{y}_{B_1} - \bar{y}$；$\hat{c}_2 = \bar{y}_{C_2} - \bar{y}$；$\hat{d}_2 = \bar{y}_{D_2} - \bar{y}$；$(\hat{a}b)_{21} = \bar{y}_{A_2B_1} - \bar{y} - \hat{a}_2 - \hat{b}_1$。

6.3.2 最优组合的置信区间

若$y_{优}$的区间估计为$\hat{y}_{优} \pm \varepsilon_\alpha$，就有$1-\alpha$的把握断定最优组合的试验指标在区间$\left[\hat{y}_{优} - \varepsilon_\alpha, \hat{y}_{优} + \varepsilon_\alpha\right]$。

误差限ε_α计算公式为

$$\varepsilon_\alpha = \sqrt{F_\alpha(a, f_e + f_e')(S_e + S_e') \Big/ \left[(f_e + f_e')\frac{N}{1 + f^*}\right]}$$

式中，f_e'是不显著因素与不显著交互作用的自由度之和；S_e'是不显著因素与不显著交互作用的偏差平方和之和；f^*是显著因素与显著交互作用的自由度之和；N是试验总次数，无重复试验时为正交表的试验号。

6.4 多指标试验数据处理

在实际问题中，衡量试验结果的试验指标可能不止一个，这就是多指标问题。多指标试验结果分析时必须统筹兼顾，寻找使各项指标都尽可能好的条件。一般采用综合平衡法和综合评分法。

6.4.1 综合平衡法

综合平衡法是先对每一试验指标按单指标独立进行分析，然后再根据分析的结果进行综合平衡，得出合理结论的一种方法。

综合平衡法的依据：

1）各因素对于每个单项指标的主次顺序和优水平，即各单项指标试验数据分析的结果。

2）各项指标对试验的重要程度。它是由专业知识、实际经验、现实环境和试验目的的要求确定的。

如，对于试验指标一和试验指标二，试验指标对试验的重要程度主次顺序为试验指标一大于试验指标二。因素主次顺序与优水平见表 6-6。

表 6-6　因素主次顺序与优水平

	因素主次顺序	优水平
试验指标一	*A D C B*	$A_3B_2C_1D_2$
试验指标二	*C A B D*	$A_3B_1C_1D_3$

按因素对各项指标作用的主次顺序排名次，主要的排第一，次主要的排第二，依次排序。优水平确定依据因素各水平被各项试验指标选作优水平的次数，中选次数相同时，优选重要指标所对应的因素的优水平。因此，影响试验指标的因素主次顺序为 *A*、*C*、*D*、*B*，最优组合为 $A_3\,B_2\,C_1\,D_2$。

例 6-3　选择性激光烧结（SLS）是材料快速成形方法之一，为了提高烧结制件的综合质量，需要对激光烧结技术的工艺参数进行优化。

试验因素水平见表 6-7。试验指标为过度烧结深度、*Z* 向尺寸偏差和成形件密度，并且过度烧结深度值和 *Z* 向尺寸偏差越小越好，成形件密度越大越好。表 6-8 为试验方案与试验结果。

表 6-7　试验因素水平表

水平	因素			
	激光功率 *A*/W	预热温度 *B*/℃	扫描速度 *C*/（m/s）	分层厚度 *D*/mm
1	16	88	2	0.10
2	20	98	3	0.15
3	24	108	4	0.20

表 6-8　试验方案与试验结果

试验号	因素				成形件密度 /（$g \cdot cm^{-3}$）	过度烧结深度 /mm	*Z* 向尺寸偏差 /mm
	A	*B*	*C*	*D*	y_{i1}	y_{i2}	y_{i3}
1	1	1	1	1	0.563	0.0569	0.7166
2	1	2	2	2	0.436	0.1988	0.0519
3	1	3	3	3	0.393	−0.1256	0.0784
4	2	1	2	3	0.545	0.1739	0.2352
5	2	2	3	1	0.436	0.2849	0.2987

（续）

试验号	因素				成形件密度 / (g · cm^{-3})	过度烧结深度 /mm	Z 向尺寸偏差 /mm
	A	B	C	D	y_{i1}	y_{i2}	y_{i3}
6	2	3	1	2	0.636	0.3601	0.4549
7	3	1	3	2	0.514	0.2199	0.5536
8	3	2	1	3	0.626	0.3551	0.6076
9	3	3	2	1	0.721	0.4788	0.58828

对试验结果进行极差分析，分别计算各试验指标下各因素的不同水平所对应的试验指标均值以及极差。表 6-9、表 6-10 和表 6-11 分别为成形件密度、过度烧结深度和 Z 向尺寸偏差为试验指标的试验结果分析。

表 6-9　成形件密度为试验指标的试验结果分析

	因素			
	A	B	C	D
y_{j1}	1.392	1.622	1.825	1.720
y_{j2}	1.617	1.498	1.702	1.586
y_{j3}	1.861	1.750	1.343	1.564
$\bar{y}_{j1}$	0.464	0.541	0.608	0.573
$\bar{y}_{j2}$	0.539	0.499	0.567	0.529
$\bar{y}_{j3}$	0.620	0.583	0.448	0.521
R_j	0.156	0.084	0.161	0.052
优水平	A_3	B_3	C_1	D_1
因素主次	$C>A>B>D$			

表 6-10　过度烧结深度为试验指标的试验结果分析

	因素			
	A	B	C	D
y_{j1}	0.1301	0.4507	0.7721	0.8206
y_{j2}	0.8189	0.8388	0.8515	0.7788
y_{j3}	1.0538	0.7133	0.3792	0.4034
$\bar{y}_{j1}$	0.0434	0.1502	0.2574	0.2735
$\bar{y}_{j2}$	0.2730	0.2796	0.2838	0.2596
$\bar{y}_{j3}$	0.3513	0.2378	0.1264	0.1345

（续）

	因素			
	A	B	C	D
R_j	0.3079	0.1294	0.1574	0.1391
优水平	A_1	B_1	C_3	D_3
因素主次	$A>C>D>B$			

表 6-11　Z 向尺寸偏差为试验指标的试验结果分析

	因素			
	A	B	C	D
y_{j1}	0.8469	1.5054	1.7791	1.6036
y_{j2}	0.9888	0.9582	0.8754	1.0604
y_{j3}	1.7495	1.1216	0.9307	0.9212
$\bar{y}_{j1}$	0.2823	0.5018	0.5930	0.5345
$\bar{y}_{j2}$	0.3296	0.3194	0.2918	0.3535
$\bar{y}_{j3}$	0.5832	0.3739	0.3102	0.3071
R_j	0.3009	0.1824	0.3012	0.2275
优水平	A_1	B_2	C_2	D_3
因素主次	$C>A>D>B$			

采用综合平衡法对因素主次顺序进行判断。由表 6-9、表 6-10 和表 6-11 可得，作为主要因素，因素 C 出现 2 次，因素 A 出现 1 次；作为次主要因素，因素 A 出现 2 次，因素 C 出现 1 次；作为次要因素，因素 D 出现 2 次，因素 B 出现 1 次；作为最次要因素，因素 B 出现 2 次，因素 D 出现 1 次。因此，因素的主次顺序是 $C>A>D>B$。

采用综合平衡法对最优水平组合进行选取。

（1）因素 A　对于试验指标，因素 A 是影响过度烧结深度的主要因素，是影响成形件密度和 Z 向尺寸偏差的次要因素。但是对于 Z 向尺寸偏差，次要因素 A 的极差为 0.3009，主要因素 C 的极差为 0.3012，二者比较接近，说明因素 A 和因素 C 对 Z 向尺寸偏差影响相当，因素 A 和因素 C 都可以视为影响 Z 向尺寸偏差的主要因素。而对于试验指标过度烧结深度和 Z 向尺寸偏差，因素 A 的优水平均为 A_1 水平，所以因素 A 的优水平取 A_1。

（2）因素 B　对于试验指标，因素 B 均是较为次要因素，并且因素 B 各水平被各项试验指标选作优水平的次数相同，因此需要综合平衡所选择的因素优水平。实际上，在烧结过程中，如果预热温度 B 偏低，由于粉层冷却太快，烧结粉末和周围粉末有较大的温度梯度，致使成形件出现翘曲变形，精度受到影响。如果温度偏高，粉床非烧结区域的粉末也将变形，甚至可能使粉末板结，烧结成形失败。因此，优水平选择居于中间的水平 B_2。

（3）因素 C　对于试验指标 Z 向尺寸偏差和成形件密度，因素 C 是主要因素，对于过度烧结深度，因素 C 并不是主要因素。试验结果分析发现，因素各水平被各项试验指标选作优水平的次数相同，因此我们主要考虑基于试验指标 Z 向尺寸偏差和成形件密度的因素 C 优水平选取。Z 向尺寸偏差取 C_2 为优水平，成形件密度取 C_1 为优水平，并且对成形件密度，因素 C 取 C_1 或 C_2，对其影响差别不大。综合选择 C_2 为优水平。

（4）因素 D　对于所有试验指标，因素 D 均是次要因素。所以因素 D 优水平的选取更多的是从试验产品需求出发。偏大的分层厚度对结构精细的部件会造成尺寸误差和形状误差；较小的分层厚度又会导致过度烧结深度变大，降低制作效率。因此，综合平衡之后，选择 D_2 为优水平。

通过综合平衡分析后，选择的最优工艺组合为 $A_1B_2C_2D_2$。按照此工艺组合进行验证试验，成形件密度为 0.738kg/mm^3，过度烧结深度为 0.0543mm，Z 向尺寸偏差为 0.0527mm，各项指标均有改善。

6.4.2　综合评分法

综合评分法是先根据各项指标的重要程度分别给予加权或打分，然后将多指标转化成单一的综合指标（即综合评分），再进行计算分析的方法。综合评分法的关键是确定各项指标的权值。

综合评分的公式为

$$y_i^* = \alpha_1(y_i)_1 + \alpha_2(y_i)_2 + \cdots = \sum_k \alpha_k(y_i)_k = \sum_{j=1}^{k} \alpha_j(y_i)_j$$

式中，k 表示有 k 个指标；y_i^*是第 i 个试验点的综合评分；α_k是转化系数，即第 k 项指标转化为综合评分的系数。

对于直接加权法，有$\alpha_k = c_k\bar{\omega}_k$。其中，$\bar{\omega}_k$为第 k 项试验指标的权值，c_k为第 k 项试验指标的缩减（或扩大）系数。

对于基本法，有$\alpha_k = c_k\bar{\omega}_k / \gamma_k$。其中，$\gamma_k$是第 k 项指标的极差，$\gamma_k = \max\{(y_i)_k\} - \min\{(y_i)_k\}$。

思　考　题

6-1　对于同一项试验有多个试验目的或同一个试验目的必须进行多项试验的场合，如何确定试验指标？

6-2　在正交设计的方差分析中，无重复试验场合如何估计试验误差的方差？与纯试验误差的方差比较，有什么差异？两者对试验结果分析的效果是否一样？为什么？

6-3　最优组合的指标值为什么通常都要进行置信区间估计？仅进行点估计为何不妥？

6-4　对表 6-12 中数据进行极差分析与方差分析。

表 6-12　题 6-4 表

试验号	因素			y_i
	A/℃	B/h	C/℃	
1	1（800）	1（6）	1（400）	93
2	1（800）	2（8）	2（500）	83
3	2（820）	1（6）	2（500）	44
4	2（820）	2（8）	1（400）	68

第7章 回归试验设计

材料试验方案设计采用正交试验设计、均匀试验设计方法获得的优化方案是针对已定水平的，而不是一定的试验范围内的试验方案，并且正交试验设计主要是分析因素对试验指标影响的显著性以及各因素水平的最优组合。实际试验问题是需要获得试验因素与试验指标之间的定量关系，因此需要求出试验因素与试验指标之间的回归方程。回归试验设计可以在因素的试验范围内选择适当的试验点，以较少的试验构建精度高、性质好的回归方程。

7.1 回归试验设计的基本概念

回归试验设计是从正交性、旋转性和D-优良性等出发，利用正交表、H阵、单纯阵、正交多项式以及计算技术编制试验方案，直接求取各种线性和非线性回归方程，并进行寻优预测。

（1）自然因素　未经编码的试验因素，记为z_1，z_2,…，z_p。自然因素均有具体的物理意义。

（2）自然空间　由自然因素构成的空间。

（3）编码因素　经过编码得到的因素，记为x_1，x_2,…，x_p。编码因素无量纲。

（4）编码空间　由编码因素构成的空间。回归设计时，试验方案的编制、回归系数的计算及回归方程的统计检验均在编码空间进行。

（5）因素编码　将自然因素通过编码公式变成编码因素的过程称为因素编码。编码公式为$x_j = f(z_j)$。

（6）回归设计常用优良性

1）正交性。在p维编码空间中，如果试验方案$\varepsilon(N)$使所有j个因素的不同水平满足

$$\begin{cases}\sum_{i=1}^{N} x_{ij} = 0\ (j = 1,2,\cdots,p) \\ \sum_{i=1}^{N} x_{ih}x_{ij} = 0\ (h \neq j)\end{cases}$$

则该试验方案具有正交性。

2）饱和性。在 p 维空间编码中，若试验方案 $\varepsilon(N)$ 的无重复试验次数 N 或者各试验因素及其交互作用的自由度之和加 1 之后与欲求的回归方程的待估计参数个数 m 相等，则称该方案具有饱和性。

3）旋转性。在 p 维编码空间中，如果试验方案 $\varepsilon(N)$ 使得试验指标回归值 $\hat{y}$ 的预测方差 $D(\hat{y})$ 仅与试验点到试验中心距离 ρ 有关，则该方案具有旋转性。

4）D- 优良性。在 p 维编码空间确定的区域内，对于给定的回归模型，在一切可能的方案中，方案 $\varepsilon(N)$ 信息矩阵的行列式值最大，则该方案具有 D- 优良性。

7.2　一次回归试验设计

7.2.1　单元线性回归正交设计

单元线性回归研究的是一个自然因素 z 与试验指标 y 之间的线性关系。这种关系的回归模型为

$$y = \beta_0 + \beta_1 z + \varepsilon$$

例 7-1　某材料表面进行电腐蚀刻线，刻线深度 y 与腐蚀时间 z 有关，若腐蚀时间控制在 10 ～ 90s 内，且希望腐蚀时间分 5 个水平进行试验，试用一次回归正交设计求其回归方程。

（1）确定自然因素的变化范围

1）确定自然因素 z 的上下水平。用 z_2、z_1 分别表示 z 的上水平和下水平，z_2、z_1 分别是实际试验范围的上限和下限，$z_2 = 90$，$z_1 = 10$。

2）确定 z 的零水平 z_0，即

$$z_0 = \frac{z_1 + z_2}{2} = \frac{10 + 90}{2} = 50$$

3）确定 z 的水平间隔 $\varDelta$。若 z 取 K 个水平，则

$$\varDelta = \frac{z_2 - z_1}{K - 1} = \frac{90 - 10}{5 - 1} = 20$$

（2）因素编码　将自然因素 z 进行线性变换，即

$$x = \frac{z - z_0}{\varDelta} = \frac{z - 50}{20}$$

（3）试验方案设计　对于单元线性回归设计，x 取 2 个水平即可，即 1 和 −1，但希望将腐蚀时间 z 分为 5 个水平，由因素编码计算公式可得，x 取 −2、−1、0、1、2 共 5 个水平，进行 5 次试验，试验方案及计算格式表见表 7-1。

表 7-1　单元线性回归试验方案及计算格式表

<table>
<tr><th rowspan="2">试验号</th><th colspan="2">因素</th><th rowspan="2">y_i</th><th rowspan="2">y_i^2</th></tr>
<tr><th>x_0</th><th>$x(z)$</th></tr>
<tr><td>1</td><td>1</td><td>−2（10）</td><td>8</td><td>64</td></tr>
<tr><td>2</td><td>1</td><td>−1（30）</td><td>16</td><td>256</td></tr>
<tr><td>3</td><td>1</td><td>0（50）</td><td>25</td><td>625</td></tr>
<tr><td>4</td><td>1</td><td>1（70）</td><td>31</td><td>961</td></tr>
<tr><td>5</td><td>1</td><td>2（90）</td><td>39</td><td>1521</td></tr>
<tr><td>D_j</td><td>5</td><td>10</td><td>$\sum_{i=1}^{5} y_i = 119$</td><td>$\sum_{i=1}^{5} y_i^2 = 3427$</td></tr>
<tr><td>B_j</td><td>119</td><td>77</td><td colspan="2" rowspan="6">$S = \sum_{i=1}^{5} y_i^2 - \frac{1}{5}\left(\sum_{i=1}^{5} y_i\right)^2 = 3427 - \frac{119^2}{5} = 594.8$
$f = 5 - 1 = 4$
$S_R = S - S_{回} = 594.8 - 592.9 = 1.9$
$f_R = f - f_{回} = 4 - 1 = 3$</td></tr>
<tr><td>b_j</td><td>23.8</td><td>7.7</td></tr>
<tr><td>S_j</td><td>—</td><td>592.9</td></tr>
<tr><td>F_j</td><td>—</td><td>592.9</td></tr>
<tr><td>α_j</td><td>—</td><td>0.01</td></tr>
</table>

（4）回归系数的计算　单元线性回归系数的计算公式为

$$b_j = \frac{\sum_{i=1}^{N} x_{ij} y_i}{\sum_{i=1}^{N} x_{ij}^{2}} = \frac{B_j}{D_j} \quad (j=0, 1)$$

因此，回归方程为

$$\hat{y} = 23.8 + 7.7x$$

（5）显著性检验　为进行回归方程的显著性检验，在进行回归设计时，还需要安排 m_0 次零水平（即零点）重复试验，$m_0 \geqslant 3$。零点重复试验见表 7-2，表中 $\bar{y}_0 = \sum_{i_0=1}^{m_0} y_{i0} / m_0 = 25$。

表 7-2　零点重复试验

<table>
<tr><th>$x(z)$</th><th>y_{i0}</th><th>$\bar{y}_0$</th></tr>
<tr><td>0（50）</td><td>25</td><td rowspan="3">25</td></tr>
<tr><td>0（50）</td><td>24</td></tr>
<tr><td>0（50）</td><td>26</td></tr>
</table>

由计算格式表可以计算

$$S=\sum_{i=1}^{n}(y_i-\bar{y})^2=\sum_{i=1}^{n}y_i^2-\frac{1}{n}\left(\sum_{i=1}^{n}y_i\right)^2=\sum_{i=1}^{5}y_i^{\ 2}-\frac{1}{5}\left(\sum_{i=1}^{5}y_i\right)^2=3427-\frac{119^2}{5}=594.8$$

$$f=n-1=5-1=4$$

$$S_{回}=S_x=\sum_{i=1}^{n}(\hat{y}_i-\bar{y})^2=b_1B_1=7.7\times77=592.9$$

$$f_{回}=f_x=1$$

$$S_R=S-S_{回}=594.8-592.9=1.9$$

$$f_R=f-f_{回}=4-1=3$$

$$S_e=\sum_{i=1}^{m}(y_{i0}-\bar{y}_0)^2=\sum_{i=1}^{3}(y_{i_0}-\bar{y}_0)^2=(25-25)^2+(24-25)^2+(26-25)^2=2$$

$$f_e=m-1=3-1=2$$

失拟平方和S_{lf}的一般计算公式为

$$S_{lf}=\sum_{i=1}^{n}(\bar{y}_i-\hat{y}_i)^2$$

$$f_{lf}=n-2$$

当仅在零点进行重复试验时，S_{lf}及其自由度可由下式计算，即

$$S_{lf}=(b_0-\bar{y}_0)^2=(23.8-25)^2=1.44$$

$$f_{lf}=1$$

1）回归系数检验。

$$F_x=\frac{S_x/f_x}{S_e/f_e}=\frac{S_{回}/f_{回}}{S_e/f_e}=\frac{592.9/1}{2/2}=592.9>F_{0.01}(1,2)=98.49$$

因此，因素 x 的显著性水平为 0.01。

2）回归方程检验。

$$F_{回}=\frac{S_{回}/f_{回}}{S_R/f_R}=\frac{592.9/1}{1.9/3}=936.16>F_{0.01}(1,3)=34.12$$

回归方程置信度为 99%。

3）失拟检验。

$$F_{lf}=\frac{S_{lf}/f_{lf}}{S_e/f_e}=\frac{1.44/1}{2/2}=1.44<F_{0.25}(1,2)=2.57$$

回归方程不失拟，拟合较好。

（6）回归方程转换　将$x=\dfrac{z-50}{20}$代入编码空间所求回归方程 $\hat{y}=23.8+7.7x$中，整理得

$$\hat{y}=4.55+0.39z$$

7.2.2　多元线性回归正交设计

多元线性回归研究试验指标 y 与 p（$p \geqslant 2$）个因素 z_j（j=1，2，…，p）间的线性定量关系。这种关系的回归模型为

$$y_i = \beta_0 + \beta_1 z_{i1} + \beta_1 z_{i2} + \cdots + \beta_p z_{ip} + \varepsilon_i \quad (i=1, 2, \cdots, N)$$

式中，N 为试验次数。

例 7-2　运用多元线性回归正交设计对具有非光滑表面形态的仿生材料试件的试验结果进行回归分析，获取其摩擦系数与各试验因素非光滑单元体直径的大小（简称大小）A、两相邻非光滑单元体的行边距（简称距离）B、微观摩擦学试验机的转速（简称速度）C、摩擦磨损过程中所加的力（简称负荷）D 的回归方程，大小控制在 200 ～ 300μm，距离控制在 350 ～ 550μm，速度控制在 80 ～ 140r/min，负荷控制在 7 ～ 13N。

（1）确定自然因素的变化范围并进行编码　z_{2j}、z_{1j}、z_{0j}、$\varDelta_j$和x_j分别表示第 j 个自然因素z_j的上水平、下水平、零水平、变化区间和编码因素，则有

$$\begin{cases} z_{0j} = (z_{2j} + z_{1j})/2 \\ \varDelta_j = (z_{2j} - z_{1j})/2 \\ x_j = (z_j - z_{0j})/\varDelta_j \end{cases}$$

各因素变化范围及因素编码表见表 7-3。

表 7-3　各因素变化范围及因素编码表

$z_j(x_j)$	z_1 大小 /μm	z_2 距离 /μm	z_3 速度 /（r/min）	z_4 负荷 /N
$z_{1j}(-1)$	200	350	80	7
$z_{2j}(+1)$	300	550	140	13
$z_{0j}(0)$	250	450	110	10
$\varDelta_j$	50	100	30	3
编码公式	$x_1 = \frac{z_1 - 250}{50}$	$x_2 = \frac{z_2 - 450}{100}$	$x_3 = \frac{z_3 - 110}{30}$	$x_4 = \frac{z_4 - 10}{3}$

（2）试验方案设计　选用$L_{16}(2^{15})$正交表，将该正交表中的 2 换成 −1，将试验因素安排在变换后的正交表中。试验中选取零点重复试验 m_0=4 次，则总试验次数为 20 次。试验方案及计算格式表见表 7-4。

表 7-4　试验方案及计算格式表

试验号	因素											y_i
	x_0	x_1（z_1）	x_2（z_2）	x_3（z_3）	x_4（z_4）	x_1x_2	x_1x_3	x_1x_4	x_2x_3	x_2x_4	x_3x_4	
1	1	1	1	1	1	1	1	1	1	1	1	0.0764
2	1	1	1	1	−1	1	1	−1	1	−1	−1	0.2689
3	1	1	1	−1	1	1	−1	1	−1	1	−1	0.1658
4	1	1	1	−1	−1	1	−1	−1	−1	−1	1	0.4045
5	1	1	−1	1	1	−1	1	1	−1	−1	1	0.115
6	1	1	−1	1	−1	−1	1	−1	−1	1	−1	0.3577
7	1	1	−1	−1	1	−1	−1	1	1	−1	−1	0.1993
8	1	1	−1	−1	−1	−1	−1	−1	1	1	1	0.4475
9	1	−1	1	1	1	−1	−1	−1	1	1	1	0.0595
10	1	−1	1	1	−1	−1	−1	1	1	−1	−1	0.2543
11	1	−1	1	−1	1	−1	1	−1	−1	1	−1	0.1325
12	1	−1	1	−1	−1	−1	1	1	−1	−1	1	0.3878
13	1	−1	−1	1	1	1	−1	−1	−1	−1	1	0.0998
14	1	−1	−1	1	−1	1	−1	1	−1	1	−1	0.3405
15	1	−1	−1	−1	1	1	1	−1	1	−1	−1	0.1817
16	1	−1	−1	−1	−1	1	1	1	1	1	1	0.4218
17	1	0	0	0	0	0	0	0	0	0	0	0.2453
18	1	0	0	0	0	0	0	0	0	0	0	0.2476
19	1	0	0	0	0	0	0	0	0	0	0	0.2351
20	1	0	0	0	0	0	0	0	0	0	0	0.2331
D_j	20	16	16	16	16	16	16	16	16	16	16	
B_j	4.8741	0.1572	−0.4136	−0.7688	−1.853	0.0058	−0.0294	0.0088	−0.0942	0.0904	0.1116	
b_j	0.243705	0.009825	−0.025850	−0.048050	−0.115813	0.000363	−0.001838	0.000550	−0.005888	0.005650	0.006975	
S_j	1.187843	0.001544	0.010692	0.036941	0.214601	0.000002	0.000054	0.000005	0.000555	0.000511	0.000778	
F_j	—	29.48	204.08	705.12	4096.28	0.04	1.03	0.09	10.59	9.75	14.86	
α_j	—	0.05	0.01	0.01	0.01	—	—	—	0.05	0.10	0.05	

由计算格式表可得

$$S=\sum_{i=1}^{20}y_i^2-\frac{1}{20}\left(\sum_{i=1}^{20}y_i\right)^2=0.266632$$

$$f=20-1=19$$

$$S_e=\sum_{i=1}^{4}(y_{i_0}-\overline{y}_0)^2=1.57168\times10^{-4}$$

$$f_e=4-1=3$$

$$S_{回}=S_{x_1}+S_{x_2}+S_{x_3}+S_{x_4}+S_{x_2x_3}+S_{x_2x_4}+S_{x_3x_4}=0.265622$$

$$f_{回}=7$$

$$S_R=S-S_{回}=1.01\times10^{-3}$$

$$f_R=f-f_{回}=19-7=12$$

$$S_{lf}=S_R-S_e=8.52832\times10^{-4}$$

$$f_{lf}=f_R-f_e=9$$

（3）显著性检验

1）回归系数检验。

$$F_j=\frac{S_j/f_j}{S_e/f_e}\sim F_\alpha(1,3)$$

2）回归方程检验。

$$F_{回}=\frac{S_{回}/f_{回}}{S_R/f_R}=450.84>F_{0.01}(7,12)=4.65$$

回归方程置信度为99%。

3）失拟检验。

$$F_{lf}=\frac{S_{lf}/f_{lf}}{S_e/f_e}=1.81<F_{0.25}(9,3)=2.44$$

回归方程不失拟，拟合较好。

回归方程为

$$\hat{y}=0.243705+9.825\times10^{-3}x_1-2.585\times10^{-2}x_2-4.805\times10^{-2}x_3-0.115813x_4-5.888\times10^{-3}x_2x_3+5.65\times10^{-3}x_2x_4+6.975\times10^{-3}x_3x_4$$

（4）回归方程转换　将在编码空间中经过统计检验且符合要求的回归方程变换成自然空间的回归方程，回归方程为

$$\hat{y}=0.946+1.965\times10^{-4}z_1-6.076\times10^{-4}z_2-1.494\times10^{-3}z_3-7.265\times10^{-2}z_4-1.963\times10^{-6}z_2z_3+1.883\times10^{-5}z_2z_4+7.75\times10^{-5}z_3z_4$$

7.2.3　单纯形回归设计

单纯形是指多维空间中的一种凸图形，它的顶点数仅比空间的维数多1，即$n_s=p+1$，其中，n_s为单纯形顶点数，p为单纯形所在空间维数。

如果单纯形各边相等，即单纯形的各顶点与它的中心是等距的，则称之为正单纯形。利用正单纯形编制试验方案，求取多元线性回归方程的设计方法就是单纯形回归设计。单纯形回归设计是在单纯形的一个顶点安排一个试验点，求取纯线性回归方程，即

$$\hat{y} = b_0 + \sum_{j=1}^{p} b_j x_j$$

表 7-5 为因素 p 单纯形回归设计因素编码表。

表 7-5　因素 p 单纯形回归设计因素编码表

试验号	因素							
	x_0	x_1	x_2	x_3	…	x_j	…	x_p
1	1	$\sqrt{\frac{p+1}{2}}$	$\sqrt{\frac{p+1}{6}}$	$\sqrt{\frac{p+1}{12}}$	…	$\sqrt{\frac{p+1}{j(j+1)}}$	…	$1/\sqrt{p}$
2	1	$-\sqrt{\frac{p+1}{2}}$	$\sqrt{\frac{p+1}{6}}$	$\sqrt{\frac{p+1}{12}}$	…	$\sqrt{\frac{p+1}{j(j+1)}}$	…	$1/\sqrt{p}$
3	1	0	$-2\sqrt{\frac{p+1}{6}}$	$\sqrt{\frac{p+1}{12}}$	…	$\sqrt{\frac{p+1}{j(j+1)}}$	…	$1/\sqrt{p}$
4	1	0	0	$-3\sqrt{\frac{p+1}{12}}$	…	⋮	…	$1/\sqrt{p}$
5	1	0	0	0	…	$-j\sqrt{\frac{p+1}{j(j+1)}}$	…	$1/\sqrt{p}$
6	1	0	0	0	…	0	…	$1/\sqrt{p}$
⋮	1	⋮	⋮	⋮	⋮	⋮	⋮	⋮
$p+1$	1	0	0	0	0	0	…	$-p/\sqrt{p}$
$D_j = \sum_{i=1}^{p+1} x_{ij}^2$	$p+1$	$p+1$	$p+1$	$p+1$	…	$p+1$	…	$p+1$

例 7-3　某工厂拟试验考察某材料产品的收率与压力z_1和温度z_2的关系，选定的试验范围是$z_1 = 6\times10^5$～10×10^5Pa，$z_2 = 56 \sim 80$℃。

（1）确定z_j的变化范围并对其编码　单纯形设计时，各因素必须取 3 个水平，相应编码公式为

$$\begin{cases} \Delta_j = \dfrac{z_{2j} - z_{1j}}{j+1} \\ z_{0j} = z_{2j} - \Delta_j \\ x_j = \dfrac{z_{2j} - z_{0j}}{\Delta_j} \sqrt{\dfrac{p+1}{j(j+1)}} \end{cases}$$

因此，各因素水平的取值及其编码见表 7-6。

表 7-6　二元单纯形设计因素编码

z_j	$z_1(x_1)$	$z_2(x_2)$
z_{2j}	10（$\sqrt{\frac{3}{2}}$）	80（$\sqrt{\frac{3}{6}}$）
z_{1j}	6（$-\sqrt{\frac{3}{2}}$）	56（$-2\sqrt{\frac{3}{6}}$）
$z_{0j} = z_{2j} - \Delta_j$	8（0）	72（0）
$\Delta_j = \dfrac{z_{2j} - z_{1j}}{j+1}$	2	8
$x_j = \dfrac{z_j - z_{0j}}{\Delta_j}\sqrt{\dfrac{p+1}{j(j+1)}}$	$x_1 = \sqrt{\frac{3}{2}}\left(\frac{z_1-8}{2}\right)$	$x_2 = \sqrt{\frac{3}{6}}\left(\frac{z_2-72}{8}\right)$

（2）试验方案设计　由于 p=2，从表 7-5 左上角部分取三行三列，并相应填入各因素具体的编码值和实际试验的水平值。进行整体设计，取 m_0=3，则总的试验次数 N=p+1+m_0=6，二元单纯形设计的计算格式表见表 7-7。

回归系数的计算及显著性检验与多元线性回归正交设计一样。

表 7-7　二元单纯形设计的计算格式表

试验号	因素			y_i
	x_0	x_1（z_1）	x_2（z_2）	
1	1	1.225（10）	0.707（80）	9.2
2	1	−1.225（6）	0.707（80）	5.6
3	1	0（8）	−1.414（56）	5.3
4	1	0（8）	0（72）	6.0
5	1	0（8）	0（72）	6.6
6	1	0（8）	0（72）	6.3

（续）

试验号	因素			y_i
	x_0	x_1（z_1）	x_2（z_2）	
D_j	6	3	3	
B_j	39	4.41	2.97	
b_j	6.5	1.47	0.99	
S_j	253.5	6.48	2.94	
F_j	—	72	32.67	
α_j	—	0.05	0.05	

7.3　二次回归试验设计

二次回归设计是利用组合设计编制试验方案、配制计算格式表，寻求二次回归方程的设计方法。所求回归方程为

$$\hat{y}=\beta_0+\sum_{j=1}^{p}\beta_j z_j+\sum_{h<j}\beta_{hj}z_h z_j+\sum_{j=1}^{p}\beta_{jj}z_j^2$$

组合设计是指在编码空间中，选择几类具有不同特点的试验点，适当组合起来形成的试验方案。组合设计一般由三类不同的试验点组成，有

$$N=m_c+m_r+m_0$$

式中，$m_c=2^p$是各因素皆取二水平（+1，−1）的全面试验点；$m_r=2p$是分布在p个坐标轴上的星号点，它们与中心点的距离r为臂长；m_0是各因素均取零水平的试验点，即中心点，m_0为 3 ～ 4。

7.3.1　二次回归正交组合设计

使试验方案具有正交性的二次回归设计称为二次回归正交设计。正交组合设计需要满足以下条件：

1）
$$r^2=\frac{\sqrt{Nm_c}-m_c}{2}$$

其中，

$$N=m_c+m_r+m_0=m_c+2p+m_0$$

$$m_c=\begin{cases}2^p，二水平试验点为全面试验\\2^{p-1}，二水平试验点为1/2^i部分试验\\a，选用L_a(2^c)正交表安排二水平试验点\end{cases}$$

要使组合设计正交，p、r 的大小取决于 m_0 的大小。具体进行组合设计时，可以计算得出 r^2，也可查表 7-8。

表 7-8　r^2 值表

m_0	p			
	2	3	4	5（1/2 实施）
1	1.000	1.477	2.000	2.392
2	1.162	1.657	2.198	2.583
3	1.317	1.831	2.392	2.770
4	1.464	2.000	2.583	2.954
5	1.606	2.164	2.770	3.136
6	1.742	2.325	2.954	3.314
7	1.873	2.481	3.136	3.489
8	2.000	2.633	3.314	3.662
9	2.123	2.782	3.489	3.832
10	2.243	2.928	3.662	4.000

2）中心化处理，即

$$x'_{ij} = x_{ij}^2 - \frac{1}{N}\sum_{i=1}^{N} x_{ij}^2$$

例 7-4　应用二次回归正交组合设计研究仿生不粘锅材料的表面非光滑单元体对黏性米饭黏附力的影响。

以黏附力为试验指标，选择非光滑单元体球冠高度力 z_1、非光滑单元体球冠体投影直径 z_2 和相邻非光滑单元体中心距 z_3 为试验因素，并取 m_0=3，则试验总次数 N 为

$$N = m_c + m_r + m_0 = 2^p + 2p + m_0 = 2^3 + 2\times3 + 3 = 8 + 6 + 3 = 17$$

（1）确定自然因素水平及编码表　确定自然因素 z_j 的变化范围并进行因素编码，相应计算公式为

$$z_{0j} = \frac{z_{2j} + z_{1j}}{2}$$

$$\Delta_j = \frac{z_{2j} - z_{0j}}{r}$$

$$x_j = \frac{z_j - z_{0j}}{\Delta_j}$$

自然因素及其编码表见表 7-9。

表 7-9　自然因素及其编码表

x_j	$r(z_{2j})$	$1(z_{0j}+\Delta_j)$	$0(z_{0j})$	$-1(z_{0j}-\Delta_j)$	$-r(z_{1j})$	$\Delta_j=\frac{z_{2j}-z_{0j}}{2r}$	$x_j=\frac{z_j-z_{0j}}{\Delta_j}$
z_1	0.9	0.82	0.6	0.38	0.3	0.22	$x_1=\frac{z_1-0.6}{0.22}$
z_2	1.6	1.5	1.2	0.9	0.8	0.3	$x_2=\frac{z_2-1.2}{0.3}$
z_3	4	3.74	3	2.26	2	0.74	$x_3=\frac{z_3-3}{0.74}$

（2）确定试验方案　试验方案表见表 7-10。

表 7-10　试验方案表

试验号	因素			
	x_0	x_1（z_1）	x_2（z_2）	x_3（z_3）
1	1	1（0.82）	1（1.5）	1（3.74）
2	1	1（0.82）	1（1.5）	−1（0.26）
3	1	1（0.82）	−1（0.9）	1（3.74）
4	1	1（0.82）	−1（0.9）	−1（0.26）
5	1	−1（0.38）	1（1.5）	1（3.74）
6	1	−1（0.38）	1（1.5）	−1（0.26）
7	1	−1（0.38）	−1（0.9）	1（3.74）
8	1	−1（0.38）	−1（0.9）	−1（0.26）
9	1	r（0.9）	0（1.2）	0（3）
10	1	$-r$（0.3）	0（1.2）	0（3）
11	1	0（0.6）	r（1.6）	0（3）
12	1	0（0.6）	$-r$（0.8）	0（3）
13	1	0（0.6）	0（1.2）	r（4）
14	1	0（0.6）	0（1.2）	$-r$（2）
15	1	0（0.6）	0（1.2）	0（3）
16	1	0（0.6）	0（1.2）	0（3）
17	1	0（0.6）	0（1.2）	0（3）

二次项中心化处理的公式为

$$x'_{ij}=x_{ij}^2-\frac{1}{N}\sum_{i=1}^{N}x_{ij}^2=x_{ij}^2-0.686$$

配列计算格式表，计算各项回归系数与各列偏差平方和见表 7-11。

表 7-11　计算格式表

试验号	x_0	x_1（z_1）	x_2（z_2）	x_3（z_3）	x_1x_2	x_1x_3	x_2x_3	x_1'（x_1^2）	x_2'（x_2^2）	x_3'（x_3^2）	y_i
1	1	1	1	1	1	1	1	1（0.314）	1（0.314）	1（0.314）	0.950
2	1	1	1	−1	1	−1	−1	1（0.314）	1（0.314）	1（0.314）	1.018
3	1	1	−1	1	−1	1	−1	1（0.314）	1（0.314）	1（0.314）	0.799
4	1	1	−1	−1	−1	−1	1	1（0.314）	1（0.314）	1（0.314）	0.869
5	1	−1	1	1	−1	−1	1	1（0.314）	1（0.314）	1（0.314）	0.566
6	1	−1	1	−1	−1	1	−1	1（0.314）	1（0.314）	1（0.314）	0.539
7	1	−1	−1	1	1	−1	−1	1（0.314）	1（0.314）	1（0.314）	0.608
8	1	−1	−1	−1	1	1	1	1（0.314）	1（0.314）	1（0.314）	0.909
9	1	r（1.353）	0	0	0	0	0	r^2（1.145）	0（−0.686）	0（−0.686）	0.811
10	1	$-r$（−1.353）	0	0	0	0	0	r^2（1.145）	0（−0.686）	0（−0.686）	0.978
11	1	0	r（1.353）	0	0	0	0	0（−0.686）	r^2（1.145）	0（−0.686）	0.817
12	1	0	$-r$（−1.353）	0	0	0	0	0（−0.686）	r^2（1.145）	0（−0.686）	0.882
13	1	0	0	r（1.353）	0	0	0	0（−0.686）	0（−0.686）	r^2（1.145）	0.888
14	1	0	0	$-r$（−1.353）	0	0	0	0（−0.686）	0（−0.686）	r^2（1.145）	0.600
15	1	0	0	0	0	0	0	0（−0.686）	0（−0.686）	0（−0.686）	0.899
16	1	0	0	0	0	0	0	0（−0.686）	0（−0.686）	0（−0.686）	1.02
17	1	0	0	0	0	0	0	0（−0.686）	0（−0.686）	0（−0.686）	1.16
D_j	17	11.661	11.661	11.661	8	8	8	6.705	6.705	6.705	
B_j	14.308	0.783	−0.205	−0.027	0.707	0.131	0.325	−0.287	−0.451	−0.83	
b_j	0.842	0.067	−0.018	−0.002	0.088	0.016	0.041	−0.042	−0.067	−0.125	
S_j	12.04	0.053	0.004	0	0.062	0.002	0.013	−0.012	0.03	0.105	
F_j	—	3.082	0.211	0	3.662	0.125	0.774	0.718	1.78	6.13	
α_j	—	0.25	—	—	0.25	—	—	—	—	0.25	

编码空间的回归方程为

$$\hat{y}=0.842+0.067x_1+0.088x_1x_2-0.125x_3'$$

（3）显著性检验　显著性检验，即

$$\sum_{i=1}^{17}y_i=14.313$$

$$S=\sum_{i=1}^{17}y_i^2-\frac{1}{17}\left(\sum_{i=1}^{17}y_i\right)^2=0.49$$

$$f=17-1=16$$

$$S_{回}=S_{x_1}+S_{x_1x_2}+S_{x_{3'}}=0.22$$

$$f_{回}=3$$

$$S_e=\sum_{i_0=1}^{3}y_{i_0}^2-\frac{1}{3}\left(\sum_{i_0=1}^{3}y_{i_0}\right)^2=0.034$$

$$f_e=2$$

$$S_R=S-S_{回}=0.49-0.22=0.27$$

$$f_R=f-f_{回}=16-3=13$$

$$S_{lf}=S_R-S_e=0.24-0.034=0.206$$

$$f_{lf}=f_R-f_e=13-2=11$$

1）回归方程的显著性检验，即

$$F_{回}=\frac{S_{回}/f_{回}}{S_R/f_R}=\frac{0.22/3}{0.27/13}=3.53>F_{0.05}(3,13)=3.41$$

回归方程的显著性水平为 0.05，即置信度为 0. 950。

2）回归方程的失拟检验，即

$$F_{lf}=\frac{S_{lf}/f_{lf}}{S_e/f_e}=\frac{0.206/11}{0.034/2}=1.102<F_{0.25}(11,2)=3.34$$

回归方程不失拟，拟合较好。

（4）将中心化处理公式和各因素编码公式代入方程　因此可得到仿生不粘锅表面几何参数与黏附力间的回归方程，即

$$\hat{y}=-0.435-1.291z_1-0.798z_2+1.37z_3+1.33z_1z_2-0.228z_3^2$$

7.3.2 二次回归连贯设计

在一次回归正交设计的基础上，补充少量试验点，进行二次回归设计的方法叫作二次回归连贯设计。

例 7-5 采用二次回归连贯设计考察材料电导率与镓浓度z_1、苛性碱浓度z_2的关系。各因素考察范围z_1为 30 ～ 70g/L，z_2为 90 ～ 150g/L。

取 m_0=3，由于 p=2，m_r =2p=4，查表 7-8 得 r^2=1.464。试验总次数 N 为

$$N = m_c + m_r + m_0 = 4+4+4=12$$

（1）确定自然因素水平及编码表　确定自然因素z_j的变化范围并进行因素编码，相应计算公式为

$$\varDelta_j = \frac{z_{2j} - z_{0j}}{r}$$

$$x_j = \frac{z_j - z_{0j}}{\varDelta_j}$$

$$\begin{cases} z'_{2j} = z_{0j} + r\varDelta_j = \dfrac{(1+r)z_{2j} + (1-r)z_{1j}}{2} \\ z'_{1j} = z_{0j} - r\varDelta_j = \dfrac{(1-r)z_{2j} + (1+r)z_{1j}}{2} \end{cases}$$

自然因素及其编码表见表 7-12。

表 7-12　自然因素及其编码表

$z_j(x_j)$	z_1	z_2
$z'_{2j}(r)$	74.2	156.3
$z_{2j}(1)$	70	150
$z_{0j}(0)$	50	120
$z_{1j}(-1)$	30	90
$z'_{1j}(-r)$	25.8	83.7
$\varDelta_j = \frac{z_{2j} - z_{0j}}{r}$	20	30
$x_j = \frac{z_j - z_{0j}}{\varDelta_j}$	$x_1 = \frac{z_1 - 50}{20}$	$x_2 = \frac{z_2 - 120}{30}$

（2）确定试验方案，配列计算格式表　二次项中心化处理的公式为

$$x'_{ij} = x_{ij}^2 - 0.577$$

编制试验方案，配列计算格式表，见表 7-13。

表 7-13　试验方案及计算格式表

试验号		因素					
		x_0	x_1（z_1）	x_2（z_2）	x_1x_2	x_1'（x_1^2）	x_2'（x_2^2）
m_c	1	1	1（70）	1（150）	1	1（0.423）	1（0.423）
	2	1	1（70）	−1（90）	−1	1（0.423）	1（0.423）
	3	1	−1（30）	1（150）	−1	1（0.423）	1（0.423）
	4	1	−1（30）	−1（90）	1	1（0.423）	1（0.423）
m_r	5	1	1.21（74.2）	0（120）	0	r^2（0.887）	0（−0.577）
	6	1	−1.21（25.8）	0（120）	0	r^2（0.887）	0（−0.577）
	7	1	0（50）	1.21（156.3）	0	0（−0.577）	r^2（0.887）
	8	1	0（50）	−1.21（83.7）	0	0（−0.577）	r^2（0.887）
m_0	9	1	0（50）	0（120）	0	0（−0.577）	0（−0.577）
	10	1	0（50）	0（120）	0	0（−0.577）	0（−0.577）
	11	1	0（50）	0（120）	0	0（−0.577）	0（−0.577）
	12	1	0（50）	0（120）	0	0（−0.577）	0（−0.577）

其余计算过程与二次回归正交组合设计一样，分别计算出 b_j，得到回归方程。

依次进行回归方程系数检验、回归方程显著性检验和失拟检验。回归方程通过检验后，将中心化处理公式和各因素编码公式代入方程，得到最终的回归方程。

7.4　正交多项式回归试验设计

从正交优良性出发进行多项式回归，即利用一组具有正交性质的多项式编制试验方案，配列计算格式表，求取各种非线性方程的回归设计方法叫作正交多项式回归试验设计。

7.4.1　单元正交多项式回归设计

在单元回归中，若因素 z 与指标 y 间的回归关系为

$$y(z)=\beta_0+\beta_1 z+\beta_2 z^2+\cdots+\beta_p z^p$$

则称为一元 p 次回归问题。因此，首先将一元 p 次各项变为对应的 p 元一次项，即

$$\hat{y}=b_0+b_1x_1(z)+b_2x_2(z)+\cdots+b_px_p(z)$$

并使$x_j(z)$成为一组正交多项式，逐步求出回归方程。

例 7-6　寻求某合金材料的膨胀系数 y 与该合金中金属 α、β 含量之和 z 的关系方程，已知 z 的变化范围是 37.0 ～ 43.0。

（1）列试验方案

1）确定因素 z 应取水平数 N 和水平间隔 Δ。取水平间隔 $\Delta=1$，则因素 z 的水平数为

$$N=\frac{43.0-37.0}{\Delta}+1=7$$

可得 $N=7$，可回归出 z 的 6 次项，可先按 3 次项回归。

2）由 N 查附录 C 中的正交多项式表，3 次项回归，根据正交多项式表查得 $\lambda_1\psi_1(z)$、$\lambda_2\psi_2(z)$ 和 $\lambda_3\psi_3(z)$ 的值。

（2）列出计算格式表　将查得正交多项式的值列入计算格式表中，见表 7-14。

表 7-14　试验方案及计算格式表

试验方案		$\psi_0(z)$	$\lambda_1\psi_1(z)$	$\lambda_2\psi_2(z)$	$\lambda_3\psi_3(z)$	y_i
试验号	z					
1	37	1	−3	5	−1	3.4
2	38	1	−2	0	1	3
3	39	1	−1	−3	1	2.1
4	40	1	0	−4	0	1.53
5	41	1	1	−3	−1	1.8
6	42	1	2	0	−1	2.35
7	43	1	3	5	1	2.9
D_j		7	28	84	6	$S_e=0.53$ $f_e=3$ $S_{回}=2.53$ $f_{回}=2$ $S_R=0.27$ $f_R=4$ $S_{lf}=0.068$ $f_{lf}=1$
B_j		17.08	−3.1	13.68	0.45	
b_j		2.44	−0.11	0.16	0.08	
S_j		—	0.34	2.19	0.04	
F_j		—	1.94	12.40		
α_j		—	0.25	0.05		

单点重复试验安排在 z 变化范围的中点 $z=40$ 处，中心点试验见表 7-15。

表 7-15　中心点试验

试验号	z	y_{i0}	$\bar{y}_0$
1	40	1.53	2.06
2	40	2.44	
3	40	2.35	
4	40	1.9	

编码空间的回归方程为

$$\hat{y}=2.44-0.11\psi_1(z)+0.16\psi_2(z)$$

统计检验与二次回归组合设计基本一致。

（3）回归方程的转换　由 N=7，Δ=1，$\bar{z}$=40 和公式

$$\begin{cases}\psi_0(z)=1\\ \psi_1(z)=\dfrac{z-\bar{z}}{\Delta}\\ \psi_2(z)=(\dfrac{z-\bar{z}}{\Delta})^2-\dfrac{N^2-1}{12}\\ \vdots\\ \psi_{k+1}(z)=\psi_1(z)\psi_2(z)-\dfrac{k^2(N^2+k^2)}{4(4k^2-1)}\psi_{(k-1)}(z)\end{cases}$$

可得变换公式

$$\psi_0(z)=1$$
$$\psi_1(z)=z-40$$
$$\psi_2(z)=z^2-80z+1596$$

将其代入编码空间的回归方程，可得到自然空间的回归方程，即

$$\hat{y}=262.20-12.91z+0.16z^2$$

7.4.2　多元正交多项式回归设计

多元正交多项式回归设计是由各个单元正交多项式按正交原则组合而成的设计，要求同一因素的各水平间隔相等，且应进行全面设计。

对于 p 因素试验，利用多元正交多项式回归设计可以求得回归方程，即

$$E(y)=\beta_0+\sum_{j=1}^{p}\sum_{\alpha=1}^{b_j-1}\beta_{\alpha j}z_j^{\alpha}+\sum_{h<j}\beta_{jh}^{(\alpha\beta)}z_j^{\alpha}z_h^{\beta}\quad(h,j=1,2,\cdots,p;\alpha=1,2,\cdots,b_j-1;\beta=1,2,\cdots,b_h-1)$$

式中，b_h和b_j分别是因素z_h和z_j的水平数；z_j^{α}是因素z_j的第α次项；z_h^{β}是因素z_h的第β次项；$\beta_{\alpha j}$是z_j^{α}的待估计系数；$\beta_{jh}^{(\alpha\beta)}$是交互项$z_j^{\alpha}z_h^{\beta}$的待估计系数。

利用正交多项式回归设计探究正压力z_1与滑移速度z_2对蚯蚓体表土壤滑动阻力y的影响。所选因素水平表见表 7-16。

表 7-16　因素水平表

水平	因素	
	正压力 /g	滑移速度 /（mm/s）
1	50	0.5
2	100	1
3	150	1.5

正交多项式回归方程应为

$$\hat{y}_0 = b_0 + b_{11}X_1(z_1) + b_{21}X_2(z_1) + b_{12}X_1(z_2) + b_{22}X_2(z_2) + b_{12}^{(11)}X_1(z_1)X_1(z_2)$$

其中，

$$X_1(z_1) = \psi_1(z_1) = \frac{z_1 - \bar{z}_1}{\Delta_1} = 0.01z_1 - 2$$

$$X_2(z_1) = 3\psi_2(z_1) = 3\left[\left(\frac{z_1 - \bar{z}_1}{\Delta_1}\right)^2 - \frac{N^2 - 1}{12}\right] = 3(0.01z_1 - 2)^2 - 2$$

$$X_1(z_2) = \psi_1(z_2) = \frac{z_2 - \bar{z}_2}{\Delta_2} = 2z_2 - 2$$

$$X_2(z_2) = 3\psi_2(z_1) = 3\left[\left(\frac{z_2 - \bar{z}_2}{\Delta_2}\right)^2 - \frac{N^2 - 1}{12}\right] = 12(z_2 - 1)^2 - 2$$

正交多项式回归设计的方案及计算格式表见表 7-17。

表 7-17　正交多项式回归设计的方案及计算格式表

试验方案			φ_0	$X_1(z_1)$	$X_2(z_1)$	$X_1(z_2)$	$X_2(z_2)$	$X_1(z_1)X_1(z_2)$	y_i	y_i^2
试验号	z_1	z_2								
1	50	0.5	1	−1	1	−1	1	1	3.07	9.42
2	50	1	1	−1	1	0	−2	0	3.02	9.11
3	50	1.5	1	−1	1	1	1	−1	3.09	9.56
4	100	0.5	1	0	−2	−1	1	0	4.01	16.11
5	100	1	1	0	−2	0	−2	0	4.48	20.06
6	100	1.5	1	0	−2	1	1	0	4.70	22.12
7	150	0.5	1	1	1	−1	1	−1	4.78	22.85
8	150	1	1	1	1	0	−2	0	5.17	26.70
9	150	1.5	1	1	1	1	1	1	5.54	30.71
D_j			9	6	18	6	18	4		
B_j			37.86	6.31	−1.73	1.47	−0.13	0.74		
b_j			4.21	1.05	−0.10	0.25	−0.007	0.18		
S_j			—	6.63	0.17	0.37	0.001	0.13		
F_j			—	331.5	8.5	18.5	0.35	6.5		
α_j			—	0.01	0.05	0.01		0.05		

显著性检验，即

$$S_{回} = S_{X_1(z_1)} + S_{X_2(z_1)} + S_{X_1(z_2)} + S_{X_1(z_1)X_2(z_2)} = 7.30$$

$$f_{回} = 4$$

$$S=\sum_{i=1}^{9}y_i^2-\frac{1}{9}\left(\sum_{i=1}^{9}y_i\right)^2=166.64-\frac{1}{9}\times 37.86^2\approx 7.38$$

$$f=8$$

$$S_R=S-S_{回}=0.08$$

$$f_R=4$$

无重复试验，无法估计误差平方和，而S_R值很小，可作为误差平方和。

$$F_{回}=\frac{S_{回}/f_{回}}{S_R/f_R}=\frac{7.30/4}{0.08/4}\approx 91.25>F_{0.01}(4,4)=15.98$$

回归方程的显著性水平为 0.01，即置信度为 0.99。

由于剩余平方和比回归方程中各项的平方和都小得多，其贡献率很小。这也说明包含于剩余平方和中的误差平方和也很小，从而失拟平方和也不会大，故可略去失拟检验。

回归方程为

$$\begin{aligned}\hat{y}_0&=b_0+b_{11}X_1(z_1)+b_{21}X_2(z_1)+b_{12}X_1(z_2)+b_{12}^{(11)}X_1(z_1)X_1(z_2)\\&=4.21+1.05X_1(z_1)-0.1X_2(z_1)+0.25X_1(z_2)+0.18X_1(z_1)X_1(z_2)\end{aligned}$$

将变换公式代入回归方程中，得到多项式回归方程，即

$$\hat{y}_0=0.0193z_1-0.0000288z_1^2-0.248z_2+0.0037z_1z_2+1.391$$

7.4.3　部分正交多项式回归设计

部分正交多项式回归设计即不做全面试验，选用正交表进行部分实施的正交多项式回归设计。

采用部分正交多项式回归设计来寻求仿生耦合试样材料的冲蚀磨损率与仿生耦合试样参数之间的关系方程。所选因素水平表见表 7-18。

表 7-18　因素水平表

水平	因素		
	A 硬质层宽度 /mm	*B* 柔性体厚度 /mm	*C* 纵向曲率 /m^{-1}
1	2	5	0
2	3	7.5	0.27
3	4	10	0.54

采用$L_9(3^4)$正交表安排试验方案，试验方案及计算格式表见表 7-19。

表 7-19 试验方案及计算格式表

试验方案				X_0	$X_1(z_1)$	$X_2(z_1)$	$X_1(z_2)$	$X_2(z_2)$	$X_1(z_3)$	$X_2(z_3)$	y_i
试验号	z_1	z_2	z_3								
1	1	1	1	1	−1	1	−1	1	−1	1	1.022222
2	1	2	2	1	−1	1	0	−2	0	−2	6.96296
3	1	3	3	1	−1	1	1	1	1	1	4.94815
4	2	1	2	1	0	−2	−1	1	0	−2	3.56863
5	2	2	3	1	0	−2	0	−2	1	1	4.57516
6	2	3	1	1	0	−2	1	1	−1	1	1.50327
7	3	1	3	1	1	1	−1	1	1	1	4.04678
8	3	2	1	1	1	1	−1	−2	−1	1	2.52632
9	3	3	2	1	1	1	1	1	0	−2	6.14035
D_j				9	6	18	6	18	6	18	
B_j				35.29	−0.22	6.352	3.955	−6.899	8.518	−14.72	
b_j				3.921	−0.037	0.353	0.659	−0.383	1.420	−0.818	
S_j				—	0.0081	2.242	2.606	2.642	12.096	12.041	
F_j				—	—	521.395	606.046	614.418	2813.023	2800.233	
α_j				—	—	0.01	0.01	0.01	0.01	0.01	

$$S=\sum_{1}^{9}y_i^2-\frac{1}{9}\left(\sum_{1}^{9}y_i\right)^2=31.995$$

$$f=9-1=8$$

$$f_{回}=5$$

$$S_{回}=31.627$$

$$S_R=S-S_{回}=0.368$$

$$f_R=3$$

无重复试验，无法估计误差平方和，而S_R值比$S_{回}$小很多，因此将S_R/f_R作为试验误差估计值$\hat{\sigma}_e^2$。

$$F_{回}=\frac{S_{回}/f_{回}}{S_R/f_R}=\frac{31.627/5}{0.368/3}=51.56>F_{0.01}(5,3)$$

可得出编码空间的回归方程为

$$\hat{y}=3.92+0.353X_2(z_1)+0.659X_1(z_2)-0.383X_2(z_3)+1.420X_1(z_3)+0.818X_2(z_3)$$

变化公式为

$$X_1(z_1)=\psi_1(z_1)=\frac{z_1-\overline{z_1}}{\Delta_1}=z_1-3$$

$$X_2(z_1)=3\psi_2(z_1)=3\left[\left(\frac{z_1-\overline{z_1}}{\Delta_1}\right)^2-\frac{N^2-1}{12}\right]=3(z_1-3)^2-2$$

$$X_1(z_2)=\psi_1(z_2)=\frac{z_2-\overline{z_2}}{\Delta_2}=z_2-3$$

$$X_2(z_2)=3\psi_2(z_2)=3\left[\left(\frac{z_2-\overline{z_2}}{\Delta_2}\right)^2-\frac{N^2-1}{12}\right]=3(z_2-3)^2-2$$

$$X_1(z_3)=\psi_1(z_3)=\frac{z_3-\overline{z_3}}{\Delta_3}=z_3-4$$

$$X_2(z_3)=3\psi_2(z_3)=3\left[\left(\frac{z_3-\overline{z_3}}{\Delta_3}\right)^2-\frac{N^2-1}{12}\right]=3(z_3-3)^2-2$$

代入编码空间的回归方程，得到自然空间的回归方程为

$$\hat{y}=1.06z_1^2-4.24z_1+3.02z_2-0.184z_2^2+4.36z_3-1.17z_3^2-6.34$$

思　考　题

7-1　编制二元二次正交组合设计的试验方案$\varepsilon(x_{ij},N)$，$m_0=4$。

7-2　试配列寻求 3×3 试验的正交多项式饱和设计的最优结构阵，并编制试验方案$\varepsilon(Z,N)$，给出自然空间及编码空间的回归方程。

7-3　对于回归方程$y=\beta_0+\beta_1 z$，其试验次数$N=8$，$m_0=3$，试求 f_{lf} 的值。

7-4　试由表 7-20 中所列 8 次试验数据结果，求 $y=f(z_1,z_2)$ 的多元线性最优回归方程。

表 7-20　题 7-4 表

z_1	1.00	1.00	1.00	1.00	2.00	2.00	2.00	2.00
z_2	150	150	180	180	150	150	180	180
y_i	81	79	89	87	83	84	91	90

7-5　试配列寻求 3×4 试验的正交多项式饱和设计的最优结构阵，编制试验方案$\varepsilon(x_{ij},n)$，同时给出自然空间及编码空间的回归模型。

7-6　试编制下列条件下的试验方案 $\varepsilon(N,X)$：

$$\begin{cases}0\leqslant z_j\leqslant 1\\ \sum_{j=1}^{4}z_j=1\end{cases}$$

$$E(y)=\sum_{j=1}^{4}b_jX_j+\sum_{h<j<k}b_{hjk}X_hX_jX_k$$

7-7　为寻求因素 z_1、z_2 与 y 之间的关系，试验结果见表 7-21 与表 7-22。试配列寻求正交多项式饱和设计的最优结构阵，求出 $y=f(z)$ 在编码空间的回归方程。

表 7-21　试验方案与试验结果

试验号	因素		y_i
	z_1	z_2	
1	(1) 2	(1) 4	17
2	(1) 2	(2) 5	16
3	(1) 2	(3) 6	12
4	(2) 2.5	(1) 4	11
5	(2) 2.5	(2) 5	16
6	(2) 2.5	(3) 6	13
7	(3) 3	(1) 4	22
8	(3) 3	(2) 5	18
9	(3) 3	(3) 6	19

表 7-22　重复试验结果

试验号	z_1	z_2	y_i
1	2.5	5	16.2
2	2.5	5	15.5
3	2.5	5	16.8
4	2.5	5	15

第8章

材料混料试验设计

在材料试验中，试验往往不只是考察影响因素不同水平组合对试验指标的影响，有时候更要考察各因素在所有因素混料中所占比例对试验指标的影响，这就需要合理设计较少的试验点，通过不同的百分比试验来获得混料各成分比例与试验指标之间的关系。

8.1 材料混料试验

8.1.1 混料

所谓混料，是由若干种不同成分的物质混合或合成的。组成混料的各种成分称为混料成分或分量，也就是混料试验中的试验因素，简称混料因素，其水平是所占比例。

8.1.2 混料试验

混料试验就是通过实物试验或非实物试验，考察材料中的某种特性或综合性能与各成分之间的关系。在混料试验中，如果用y表示试验指标，x_1，x_2，…，x_p表示混料中p种成分各占的百分比，则

$$\begin{cases} x_j \geqslant 0 \quad (j=1,2,\cdots,p) \\ x_1 + x_2 + \cdots + x_p = 1 \end{cases}$$

就称为混料条件。

混料试验中，试验因素都是无量纲的，它们满足混料条件，并且试验指标y仅与各个分量的百分比有关，而与混料的总量无关。

混料试验设计就是合理地设计混料试验，求取试验指标与混料中试验因素的关系。混料设计不能采用一般的多项式作为回归模型，否则会由于混料条件的限制而引起信息矩阵的退化。

混料回归设计的回归模型为

$$\hat{y}=b_0+\sum_{j=1}^{p}b_jx_j+\sum_{j\neq h}^{p}b_{hj}x_hx_j+\sum_{j=1}^{p}b_{jj}x_j^2$$

由混料条件中$\sum_{j=1}^{p}x_j=1$，混料回归设计的 p 成分 d 次多项式回归方程常用 Scheffe 多项式形式。二次式（d=2）为

$$\hat{y}=\sum_{j=1}^{p}b_jx_j+\sum_{h<j}b_{hj}x_hx_j$$

不完全三次式（d=3）为

$$\hat{y}=\sum_{j=1}^{p}b_jx_j+\sum_{h<j}b_{hj}x_hx_j+\sum_{h<j<k}b_{hjk}x_hx_hx_k$$

完全三次式（d=3）为

$$\hat{y}=\sum_{j=1}^{p}b_jx_j+\sum_{h<j}b_{hj}x_hx_j+\sum_{h<j}\gamma_{hj}x_hx_j(x_h-x_j)+\sum_{h<j<k}b_{hjk}x_hx_hx_k$$

式中，γ_{hj}是三次项$x_hx_j(x_h-x_j)$的回归系数。

8.2 单形混料设计

单形是指顶点数与坐标空间维数相等的凸图形。在单形混料设计中，一般都是用正单形，如正三角形、正四面体等。p 维单形即 p–1 维单纯形。

在混料设计中，各成分x_j的变化范围可由高为 1 的 p 维正单形表示。顶点代表单一成分组成的混料，棱上的点代表 2 种成分组成的混料，面上的点代表多于 2 种而少于 p 种成分组成的混料，而单形内的点则代表全部 p 种成分组成的混料。

p 维d 阶单形格子混料设计记作(p, d)，共有C_{p+d-1}^{d}个格子点，由其全体组成的点集称为 p 维 d 阶格子点集。

三维二阶 {3，2}、三维三阶 {3，3} 和四维二阶 {4，2} 各点坐标分别见表 8-1、表 8-2、表 8-3。

表 8-1 {3，2} 格子坐标

点号	坐标		
	x_1	x_2	x_3
1	1	0	0
2	0	1	0
3	0	0	1

（续）

点号	坐标		
	x_1	x_2	x_3
4	1/2	1/2	0
5	1/2	0	1/2
6	0	1/2	1/2

表 8-2　{3，3} 格子坐标

点号	坐标		
	x_1	x_2	x_3
1	1	0	0
2	0	1	0
3	0	0	1
4	2/3	1/3	0
5	1/3	2/3	0
6	2/3	0	1/3
7	1/3	0	2/3
8	0	2/3	1/3
9	0	1/3	2/3
10	1/3	1/3	1/3

表 8-3　{4，2} 格子坐标

点号	坐标			
	x_1	x_2	x_3	x_4
1	1	0	0	0
2	0	1	0	0
3	0	0	1	0
4	0	0	0	1
5	1/2	1/2	0	0
6	1/2	0	1/2	0
7	1/2	0	0	1/2
8	0	1/2	1/2	0
9	0	1/2	0	1/2
10	0	0	1/2	1/2

单形格子混料设计的试验点数见表 8-4。

表 8-4 单形格子混料设计的试验点数

成分数 p	d		
	2	3	4
3	6	10	15
4	10	20	35
5	15	35	70
6	21	56	126
8	36	120	330
10	55	220	715

p维二阶单形格子回归系数为

$$\begin{cases} b_j = y_j & (j=1,2,\cdots,p) \\ b_{hj} = 4y_{hj} - 2(y_h + y_j) & (h<j; h=1,2,\cdots,p) \end{cases}$$

p维三阶单形格子回归系数为

$$\begin{cases} b_j = y_j \\ b_{hj} = \dfrac{9}{4}(y_{hhj} + y_{hjj} - y_h - y_j) \\ \gamma_{hj} = \dfrac{9}{4}(3y_{hhj} - 3y_{hjj} - y_h + y_j) \\ b_{hjk} = 27y_{hjk} - \dfrac{27}{4}(y_{hhj} + y_{hjj} + h_{hhk} + y_{hkk} + y_{jkk}) + \dfrac{9}{2}(y_h + y_j + y_k) \\ (h,j,k=1,2,\cdots,p; h<j<k) \end{cases}$$

式中，y_h是当x_h为 1 且其余各成分皆为 0 时的格子点的试验值；y_{hj}是当x_h为 1/2，x_j为 1/2，其余各成分皆为 0 时的格子点的试验值；y_{hhj}是当x_h为 2/3，x_j为 1/3，其余各成分皆为 0 时的格子点的试验值；y_{hjk}是当x_h、x_j和x_k皆为 1/3，其余各成分皆为 0 时的格子点的试验值。

某混料试验由三种成分z_1、z_2和z_3组成，三种成分的最小值分别为 0.50、0.30、0.10。采用$\{3,2\}$单形格子设计安排试验。

编码值x_i与实际值z_i的转化公式为

$$z_i - a_i = \left(1 - \sum_{j=1}^{p} a_j\right) x_i \quad (i=1,2,\cdots,p)$$

式中，a_i为成分z_i的最小值。

$$\sum_{j=1}^{p} a_j = 0.50+0.30+0.10=0.90$$

转化公式，即

$$z_1 - 0.50 = 0.10x_1$$

$$z_2 - 0.30 = 0.10x_2$$

$$z_3 - 0.10 = 0.10x_3$$

试验方案及试验结果见表 8-5。

表 8-5　试验方案及试验结果

试验号	因素						y
	编码因素			自然因素			
	x_1	x_2	x_3	z_1	z_2	z_3	
1	1	0	0	0.60	0.30	0.10	90
2	0	1	0	0.50	0.40	0.10	95
3	0	0	1	0.50	0.30	0.20	100
4	1/2	1/2	0	0.55	0.35	0.10	120
5	1/2	0	1/2	0.55	0.30	0.15	110
6	0	1/2	1/2	0.50	0.35	0.15	108

由 $\begin{cases} b_j = y_j \quad (j=1,2,\cdots,p) \\ b_{hj} = 4y_{hj} - 2(y_h + y_j) \end{cases}$ 计算可得 $b_1 = 90$，$b_2 = 95$，$b_3 = 100$，$b_{12} = 110$，$b_{13} = 60$，$b_{23} = 42$。

编码空间的回归方程为

$$\hat{y} = 90x_1 + 95x_2 + 100x_3 + 110x_1x_2 + 60x_1x_3 + 42x_2x_3$$

将变换公式代入，求得自然空间的回归方程为

$$\hat{y} = 1241 - 3000z_1 - 4970z_2 - 3260z_3 + 11000z_1z_2 + 6000z_1z_3 + 4200z_2z_3$$

8.3　单形重心混料设计

试验安排在重心的混料设计称为单形重心混料设计，简称单形重心设计。一个 p 维正单形中，$j(j=1,2,\cdots,p)$顶点重心有C_p^j个。一个 p 成分单形重心设计中，试验点数

$$N = C_p^1 + C_p^2 + \cdots + C_p^p = 2^p - 1$$

其试验方案由下列试验点组成，即

以$(1,0,0,\cdots,0)$为代表的C_p^1个顶点重心。

以$\left(\frac{1}{2},\frac{1}{2},0,0,\cdots,0\right)$为代表的$C_p^2$个顶点重心。

以$\left(\frac{1}{3},\frac{1}{3},\frac{1}{3},\cdots,0\right)$为代表的$C_p^3$个顶点重心。

……

以$\left(\frac{1}{p},\frac{1}{p},\frac{1}{p},\cdots,0\right)$为代表的$C_p^p$个顶点重心。

由该试验方案可求得p元d次回归方程，即

$$\hat{y}=\sum_{j=1}^{p}b_jx_j+\sum_{h<j}b_{hj}x_hx_j+\sum_{h<j<l}b_{hj}x_hx_jx_l+\cdots+b_{p!}\sum_{j=1}^{d}x_j$$

表 8-6 为混料试验（3，3）的单形重心设计方案。

表 8-6　混料试验（3，3）单形重心设计方案

试验点		x_1	x_2	x_3	y
顶点重心	1	1	0	0	y_1
	2	0	1	0	y_2
	3	0	0	1	y_3
二顶点重心	4	1/2	1/2	0	y_{12}
	5	1/2	0	1/2	y_{13}
	6	0	1/2	1/2	y_{23}
三顶点重心	7	1/3	1/3	1/3	y_{123}

求出的三元三次回归方程为

$$\hat{y}=\sum_{j=1}^{3}b_jx_j+\sum_{h<j}b_{hj}x_hx_j+b_{123}x_1x_2x_3$$

回归系数计算公式为

$$b_j=y_j \qquad (j=1,2,3)$$

$$b_{hj}=4y_{hj}-2(y_h+y_i) \qquad (h,\ j=1,2,3;\ h<j)$$

$$b_{123}=27y_{123}+3(y_1+y_2+y_3)-12(y_{12}+y_{13}+y_{23})$$

8.4　有下界约束的混料设计

在混料问题中各分量除了受混料条件的约束外，常常还要受下界约束条件的限制。p成分有下界约束的混料问题就是要在条件

$$\begin{cases} z_j \geqslant a_j \geqslant 0 \\ \sum_{j=1}^{p} z_j = 1 \end{cases} \qquad (j=1,2,\cdots,\ p;\ a_j\text{是常数})$$

限制下安排试验。a_j是成分z_j $(j=1,2,\cdots,\ p)$的下界，即该成分实际能取得的最小值，并且下界必须满足

$$\sum_{j=1}^{p} a_j < 1$$

对于有下界约束的 p 成分混料问题，为了应用回归设计的方法求取混料回归方程，必须对z_j进行编码。

$$z_j = (1 - \sum_{j=1}^{p} a_j) x_j + a_j$$

或者

$$x_j = \frac{z_j - a_j}{1 - \sum_{j=1}^{p} a_j}$$

通过编码公式将混料的实际成分变成编码成分，将有下界约束的混料问题变换为无下界约束的混料问题。

试制某种火箭助推剂，三种混料成分受下界约束，黏合剂$z_1 \geqslant 0.2$，氧化剂$z_2 \geqslant 0.4$，燃料$z_3 \geqslant 0.2$。

$a_1 = 0.2$，$a_2 = 0.4$，$a_3 = 0.2$，$\sum_{j=1}^{3} a_j = 0.8 < 1$，转换公式为

$$z_j = (1 - \sum_{j=1}^{p} a_j) x_j + a_j$$

因此，编码公式为

$$z_j = 0.2 x_j + a_j$$

应用三次单形重心设计安排试验方案，试验方案及结果见表 8-7。

表 8-7　试验方案及结果

试验号	因素						y
	编码因素			自然因素			
	x_1	x_2	x_3	z_1	z_2	z_3	
1	1	0	0	0.4	0.4	0.2	2350
2	0	1	0	0.2	0.6	0.2	2450
3	0	0	1	0.2	0.4	0.4	2650
4	1/2	1/2	0	0.3	0.5	0.2	2400

（续）

试验号	因素						y
	编码因素			自然因素			
	x_1	x_2	x_3	z_1	z_2	z_3	
5	1/2	0	1/2	0.3	0.4	0.2	2750
6	0	1/2	1/2	0.2	0.5	0.3	2950
7	1/3	1/3	1/3	0.27	0.47	0.27	3000

计算回归系数，得回归方程为

$$\hat{y}=2350x_1+2450x_2+2650x_3+1000x_1x_2+1600x_2x_3+6150x_1x_2x_3$$

8.5 极端顶点混料设计

许多混料问题同时受上、下界约束条件的限制，约束条件为

$$\begin{cases}1\geqslant b_j\geqslant z_j\geqslant a_j\geqslant 0 \quad (j=1,2,\cdots,\ p;\ a_j、b_j\text{是常数})\\ \sum_{j=1}^{p}z_j=1\end{cases}$$

采用极端顶点点集所构成的混料试验方案寻求混料回归方程。

极端顶点设计主要分两步：寻找极端顶点；补充边界面（或线、体）的重心试验点。

（1）编码公式

$$z_j=a_j+Rx_j \quad (j=1,2,\cdots,p)$$

R 为试验因素的最大变程，即

$$R=1-\sum_{j=1}^{p}a_j$$

（2）编码因素的实际上界

$$b_j''=(b_j'-a_j)/R=\min\left\{(b_j'-a_j)/R,1\right\}$$

式中，$b_j'=\min\left\{b_j,a_j+R\right\}$。

（3）确定极端顶点

1）若$b_j''=1$，则点$\left(0,\cdots,0,\overset{j}{1},0,\cdots,0\right)$是极端顶点。

2）若$b_j''<1$，则对一切满足$b_j''+b_h''>1$的h，$j\neq h$，$\left(0,\cdots,0,\overset{j}{b_j''},0,\cdots,0,1-\overset{j}{b_j''},0,\cdots,0\right)$都是极端顶点。

3）若$b_j''+b_h''<1$，则对一切满足$b_j''+b_h''+b_k''>1$的k，$k\neq j,h$点（$0,\cdots,0,\overset{j}{b_j''},0,\cdots,0,\overset{h}{b_h''}$，$0,\cdots,0$，$1-\overset{k}{b_h''}-b_h''$ $,0,\cdots,0$）都是极端顶点。

思　考　题

8-1　混料试验是指什么？

8-2　给出混料试验（5，4）的单形重心设计方案。

8-3　编制下列条件下的试验方案ε（N，X）。

$$0\leqslant z_j\leqslant 1,\ \sum_{j=1}^{4}z_j=1,\ E(y)=\sum_{j=1}^{4}b_jX_j+\sum_{h<j<k}b_{hjk}X_hX_jX_k$$

第9章

试验设计与数据分析常用软件

9.1 SPSS 软件

SPSS 软件，英文全称为 Statistical Package for the Social Sciences，2000 年正式将英文全称更改为 Statistical Product and Service Solutions。

SPSS 软件由美国斯坦福大学的三位研究生于 20 世纪 60 年代末研制。SPSS 具有自动统计绘图、数据深入分析、使用方便、功能齐全等方面的优点，广泛应用于通信、医疗、银行、证券、保险、制造、商业、市场研究、科研教育等多个领域和行业，是著名的专业统计软件之一。

SPSS 由多个模块构成，如 SPSS 18.0 版中，SPSS 一共由 17 个模块组成，其中 SPSS Base 为基本模块，其他模块分别用于完成某一方面的统计分析功能，均需要挂接在 Base 上运行。

SPSS 基本功能包括数据管理、统计分析、图表分析、输出管理等。SPSS 统计分析过程包括描述性统计、均值比较、一般线性模型、相关分析、回归分析、对数线性模型、聚类分析、数据简化、生存分析、时间序列分析、多重响应等几大类，每类中又分多个统计过程，比如回归分析中又分线性回归分析、曲线估计、Logistic 回归、Probit 回归、加权估计、两阶段最小二乘法、非线性回归等多个统计过程，而且每个过程中又允许用户选择不同的方法及参数。SPSS 也有专门的绘图系统，可以根据数据绘制各种图形。

SPSS 进行试验设计步骤如下：

1）设置数据的名称、变量名称以及变量类型等信息。

2）根据正交表设计的表头，将相应的数据录入到相应的变量中。在录入数据时，需要注意数据的准确性和完整性，确保每个变量都对应了正确的试验因素和水平。同时，还需要注意处理缺失值和异常值等问题，以确保数据的有效性。

3）选择 SPSS 软件中的“Data”（数据）→“Orthogonal Design”（正交设计）→“Generate”

（生成）命令，如图 9-1 所示。

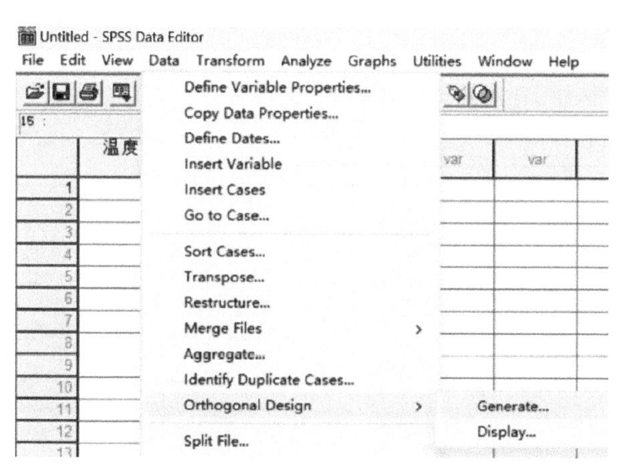

图 9-1 正交设计生成

4）在“Factor Name”[因子（因素）名称]文本框中输入试验因素，单击“Add”（添加）按钮将相应试验因素添加到数据框中，如图 9-2 所示。

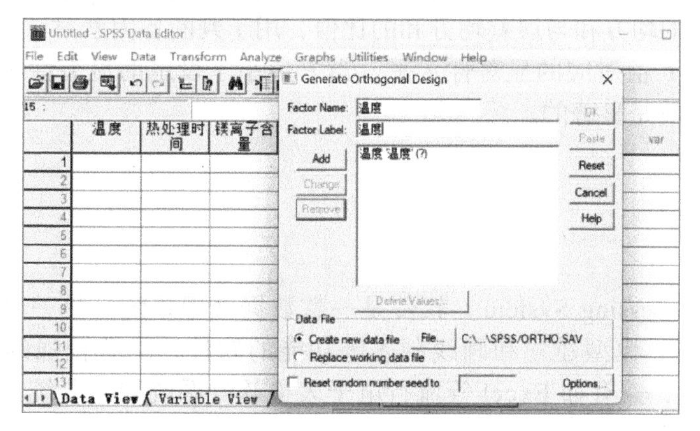

图 9-2 试验因素添加

5）选择因素，单击“Define Values”（定义值）按钮，定义各因素水平，如图 9-3 所示。

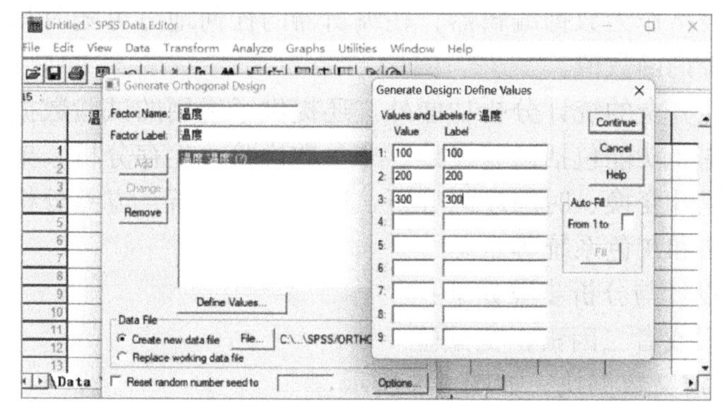

图 9-3 试验因素水平定义

6）填写数据集名称，然后单击“OK”（确定）按钮，如图 9-4 所示。

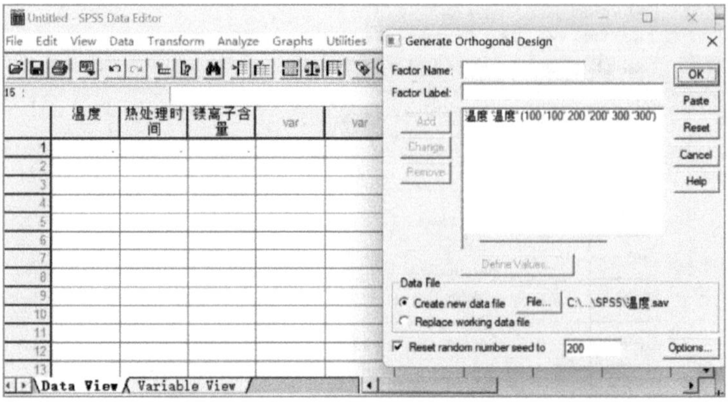

图 9-4 数据集填写与保存

7）生成正交表，查看分析结果。在结果查看时，主要解读各因素的方差贡献率、F 值和 P 值等指标，以判断各因素对试验结果的影响程度和显著性水平。其中，方差贡献率反映各因素对试验结果的总变异度的贡献程度，用于确定哪些因素对试验结果的影响较大；F 值是各因素的均方和与误差均方和的比值，用于判断各因素对试验结果的影响是否显著；P 值则是与 F 值对应的显著性水平，当 P 值小于设定的显著性水平时，认为该因素对试验结果的影响是显著的。

9.2 DPS 软件

DPS（Data Processing System）软件是一款数据处理系统，是一套有数据处理、数值计算、统计分析、模型建立和画线制表等功能的软件，具有较强的统计分析和数学模型模拟分析功能，兼有如 Excel 等流行电子表格软件系统和专业统计分析软件系统的功能。

系统具有独特优良的操作界面，用户主要通过它输入编辑数据、定义数据块和在菜单方式下调用统计计算功能。可通过下拉式菜单使用执行统计分析、建立数学模型等高级功能。

系统采用电子表格作为数据编辑器，在编辑器的任何地方可随时写入算式或查询相关函数，进行计算或查询函数值。

系统除具有功能齐全的统计分析功能外，还提供了通用的试验数据分析和建立数学模型的工具，系统的主要功能包括试验设计、非参数检验、生存分析、聚类分析、多因素分析、数学模型、傅里叶变换、时间序列分析、试验统计分析、方差分析、回归分析、系统规划、模糊数学方法和灰色系统等。

DPS 进行试验设计与分析步骤如下：

（1）对于单因素或者二因素正交试验

1）输入数据，定义数据块，如图 9-5 所示。

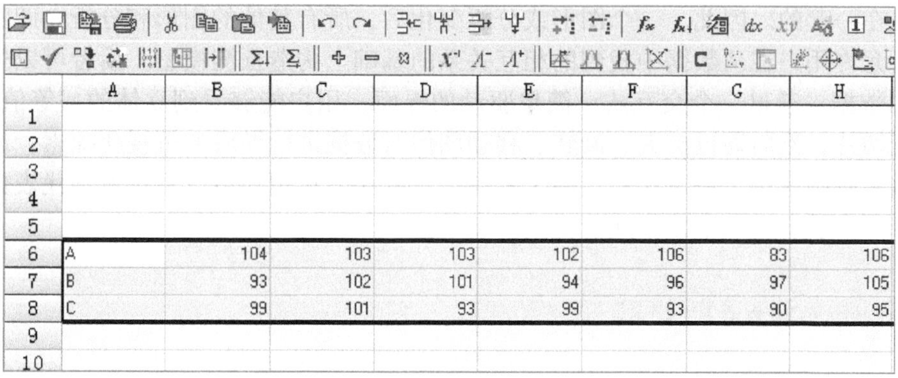

	A	B	C	D	E	F	G	H
1								
2								
3								
4								
5								
6	A	104	103	103	102	106	83	106
7	B	93	102	101	94	96	97	105
8	C	99	101	93	99	93	90	95
9								
10								

图 9-5　定义数据块

2）选择“试验统计”→“完全随机设计”命令，分别单击“单因素试验统计分析”→“二因素有 / 无重复试验设计分析”按钮。

3）方差分析参数设置。

4）结果查看。

（2）对于多因素正交试验

1）选择“试验设计”→“正交设计表”命令，选择合适的正交设计表。

2）输入试验数据，定义数据块。

3）选择“试验统计”→“正交试验方差分析”命令。

4）结果查看。

（3）对于回归正交试验

1）输入数据，定义数据块。

2）选择“多元分析”→“回归分析”→“线性回归”命令。

3）结果查看。

9.3　SAS 软件

SAS 软件，英文全称 Statistics Analysis System，20 世纪 70 年代由美国 SAS 研究所开发。SAS 软件是一种大型集成应用软件系统，具有完备的数据访问、数据管理、数据分析和数据呈现功能。在数据处理和统计分析领域，SAS 软件被誉为国际标准软件系统。

SAS 软件为模块式结构，用户可根据自己的需要进行选择。SAS 具有灵活的功能扩展接口和强大的功能模块，包括 Base SAS（基本模块）、SAS/STAT（统计分析模块）、SAS/GRAPH（绘图模块）、SAS/QC（质量控制模块）、SAS/ETS（经济计量学和时间序列分析模块）、SAS/OR（运筹学模块）、SAS/IML（交互式矩阵程序设计语言模块）、SAS/FSP（快速数据处理的交互式菜单系统模块）、SAS/AF（交互式全屏幕软件应用系统模块）等。

SAS 软件系统包括两个功能强大的可视化软件：基于图形的数据统计可视化工具 SAS/INSIGHT 和应用于大量数据的立体可视化工具 SAS/SPECTRAVIEW。前者提供交互式界面、盒须图、散点图以及三维旋转图，用来检验变量间的分布和相互关系，其图形和分析是在一起的。因此，一个图形或分析变化后，所有其他的图形和分析立即随之而改变，它还允许用户在从数据中找到的相互关系的基础上构造预测模型。后者可以处理多维和大量的数据，通过一个交互式、简单驱动的界面，用户能够看到立体的、等值的表面，并可进行切片，然后通过扩大、旋转、移动图像对数据进行彻底的可视化探索，最多可以同时显示 4 幅图像用于快速比较。由于具有切片的功能，用户可以真正看到代表数据深度的颜色，可以动态地观察数据随着时间的变化。

9.4 Statistica 软件

Statistica 是由统计软件公司（Statsoft）开发、专用于科技及工业统计的大型软件包。它除了具有常规的统计分析功能外，还包括因素分析、质量控制、过程分析、试验设计等模块。利用其试验设计模块可以进行正交试验设计、混合型正交表设计、各种拉丁方表设计、容差设计、回归正交设计、正交旋转组合设计、正交多项式回归设计、A- 最优及 D- 最优设计，并已成功地应用于 AT&T 公司的大规模集成电路制造和福特汽车公司的改进产品质量的田口式稳健设计（Taguchi robust design）。该软件包还可以进行对试验结果的统计检验、误差分析、试验水平估计，以及各类统计图表、曲线、曲面的分析计算工作。

9.5 Origin 软件

Origin 软件是美国 Origin Lab 公司推出的数据分析和绘图软件，是国际上公认最快、最灵活、使用最容易的工程绘图软件之一。

Origin 最突出的特点是使用简单，它采用直观、图形化、面向用户的窗口菜单和工具栏，全面支持鼠标右键操作，支持拖放式绘图等，而且其典型应用不需要用户编写任何一行程序代码。Origin 带给用户的是最直观、最简单的数学分析和绘图环境。

Origin 包括两大类功能：数据分析和绘图。数据分析包括数据的排列、调整、计算、统计、频谱变换以及曲线拟合等，Origin 提供 200 多个拟合函数，而且支持用户定制。绘图是基于模版的，Origin 本身提供了几十种二维和三维绘图模版，也有多图层的绘制方案。绘制时，只需选择所要绘图的数据，然后再单击相应的工具栏按钮即可。

为了满足用户扩展功能和二次开发的需要，Origin 提供广泛的定制功能和各种接口，可以与各种数据库软件、办公软件、图像处理软件等方便地连接，也可以用 C 语言等高级语言编写数据分析程序，还可以用 Origin 内置的 Lab Talk 语言编程等。

9.6 Excel 软件

在试验优化实践中，一些计算机软件可以解决多元回归分析的求解问题，但是数据的输入和软件的操作运用要经过专门训练。Excel 软件为回归分析的求解给出了非常方便的操作过程。

Excel 是一个面向商业、科学和工程计算的数据分析软件，它的主要优点是具有对数据进行分析、计算、汇总的强大功能。除了众多的函数功能之外，Excel 的高级数据分析工具则给出了更为深入、更为有用、针对性更强的各类经营和科研分析功能。高级数据分析工具集中了 Excel 最精华、对数据分析最有用的部分，其分析工具集中在 Excel 主菜单中的“数据”子菜单内，回归分析便为其中之一。

Excel 是以电子表格的方式来管理数据的，所有的输入、存储、提取、处理、统计、模型计算和图形分析都是围绕电子表格来进行的。

9.7　PPR 软件

新疆八一农学院编制的 PPR 软件可用于对各种静态和动态高维数据的投影寻踪回归（PPR）的分析计算。PPR 软件包括 PPR（投影寻踪回归）、PPAR（投影寻踪自回归）和 PPM（投影寻踪混合回归）。投影寻踪回归主要用于试验优化，不仅能准确找出高维空间高维数据的内在结构和评价各因素对试验指标贡献的定量指标，而且还能快速地在试验区域内外进行计算机模拟试验，并能找出优化区和极值点。

PPR 软件由原始数据编辑、投影寻踪回归计算、实时预测预报、输出模型图形、生成模拟试验数据等几部分组成。PPR 软件提供表格式数据编辑环境，其最大编辑能力为 380 行 13 列。投影寻踪回归计算是 PPR 软件的核心，其解题能力包括样本最大容量为 500 组，自变量 x 的个数最多不超过 12 个，试验指标 y 为单指标。

9.8　试验优化专业软件

9.8.1　正交设计助手

正交设计助手是一款针对正交试验设计及结果分析而制作的专业软件。用户只需选择系统提供的正交表，输入试验结果，就可以进行极差分析和方差分析。软件可以通过设定数据中的误差所在列，并选择所要采用的 F 检验临界值表，计算出偏差平方和（S 值）和 F 比，并给出显著性指标。软件还提供一个正交表改造工具——混合水平表编辑器，可以用于对标准正交表进行合理的改造以适应特殊的试验设计要求。

进行正交试验设计的步骤如下：

1）先选择“文件”→“新建工程”命令，再选择“实验”→“新建实验”命令，如图 9-6 所示。

2）选择正交表（图 9-7），输入因素与水平（图 9-8）。

3）输入试验结果。

4）进行分析（包括直观分析、交互作用及方差分析等），如图 9-9 所示。

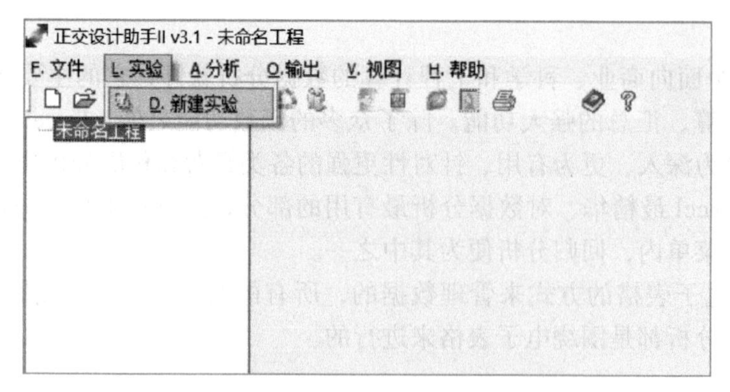

图 9-6 操作“新建实验”

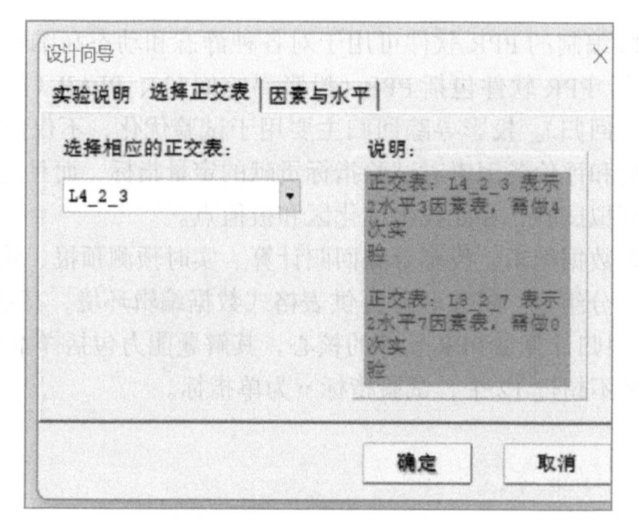

图 9-7 选择正交表

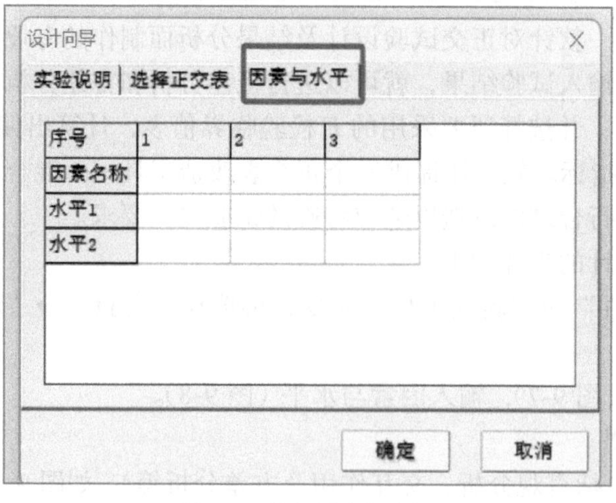

设计向导

实验说明 | 选择正交表 | 因素与水平

序号	1	2	3
因素名称			
水平1			
水平2			

确定 取消

图 9-8 输入因素与水平

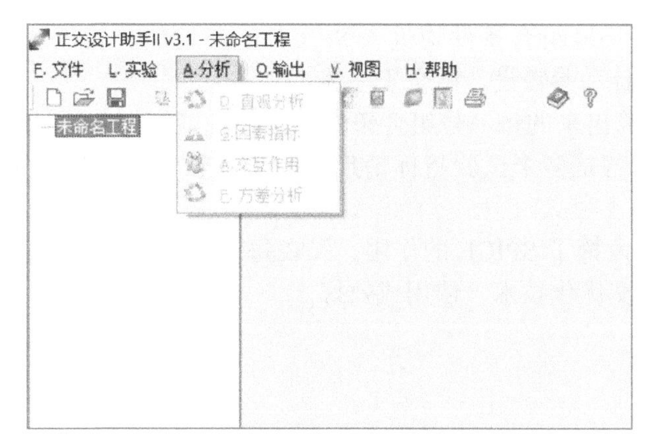

图 9-9　试验结果分析

9.8.2　试验优化设计软件

朱伟勇等用不同语言编制了包含正交试验设计、多元线性和非线性回归分析、回归正交设计、回归旋转设计、D– 最优回归设计和混料回归设计等多种方法的一整套计算机辅助试验分析和试验优化设计系列软件。

该软件可以自动生成各种正交表，自动构造各种回归设计表格，进行回归系数计算、方差分析、显著性检验、极值判别、区间估计、最佳设计工艺条件的线性与非线性规划的优化，以及各种二元、三元混料相图分析。该软件已广泛地应用于科研和生产实际中，并取得了显著的社会效益和经济效益。

9.8.3　均匀设计软件

均匀设计软件由中国数学学会均匀设计分会编制。该软件可以自动生成均匀设计表（包括混合型均匀表、均匀正交表），并可自动选取 D– 最优的均匀表；自动完成均匀试验方案设计（包括混合因素均匀设计、不等水平均匀设计、混料均匀设计等）；可以进行线性和非线性的回归分析，自动计算回归系数，寻求最优回归方程和最优条件，并进行相应的图线分析。

9.8.4　ACOD 软件

刘婉如等将正交优化法与国际盛行的模拟电子电路的分析程序 SPICE 相结合，形成了模拟电路优化设计（Analogue Circuit Optimal Design，ACOD）软件。

该软件既有效地应用了一般正交试验优化技术，也将三次设计的思想融入其中。

ACOD 软件基本原理及实施步骤如下：

1）首先输入元器件参数的中心水平，开始第一轮正交试验。此时，可以是原有生产条件，也可以是初估的某条件，而后各轮试验的中心水平就是前轮试验得到的好条件。

2）ACOD 软件能自动生成因素水平表，自动选用正交表，自动完成正交试验方案设计。

3）对于正交表的每一号组合条件，既有电路图又有参数值，即可进入 SPICE 进行计算。ACOD 软件对每一号组合条件均进入 SPICE 电路性能分析。从三次设计的观点看，这是有效地把系统设计和参数设计结合于一体。

4）将 SPICE 计算出来的每一号组合条件的电路性能指标和设计指标相比较，给出该号组合条件的评分。若是多个试验指标情形，ACOD 软件可以自动实现多指标综合评分法和约束择优法。

ACOD 软件不仅发挥了 SPICE 的作用，又在每一轮中都进行了系统设计和参数设计，同时又充分运用了正交优化技术，使用成效好。

附录

附录 A　常用正交表

表 A-1　正交表 $L_4(2^3)$

试验号	列号		
	1	2	3
1	1	1	1
2	1	2	2
3	2	1	2
4	2	2	1
列名	a	b	ab
区名	1	2	

表 A-2　正交表 $L_8(2^7)$

试验号	列号						
	1	2	3	4	5	6	7
1	1	1	1	1	1	1	1
2	1	1	1	2	2	2	2
3	1	2	2	1	1	2	2
4	1	2	2	2	2	1	1
5	2	1	2	1	2	1	2
6	2	1	2	2	1	2	1
7	2	2	1	1	2	2	1
8	2	2	1	2	1	1	2
列名	a	b	ab	c	ac	bc	abc
区名	1	2		3			

表 A-3　正交表 $L_8(2^7)$ 交互列表

列号						
(1)	3	2	5	4	7	6
	(2)	1	6	7	4	5
		(3)	7	6	5	4
			(4)	1	2	3
				(5)	3	2
					(6)	1
						(7)

注：括号中的列号为因素所在列号。

表 A-4　正交表 $L_{12}(2^{11})$

试验号	列号										
	1	2	3	4	5	6	7	8	9	10	11
1	1	1	1	1	1	1	1	1	1	1	1
2	1	1	1	1	1	2	2	2	2	2	2
3	1	1	2	2	2	1	1	1	2	2	2
4	1	2	1	2	2	1	2	2	1	1	2
5	1	2	2	1	2	2	1	2	1	2	1
6	1	2	2	2	1	2	2	1	2	1	1
7	2	1	2	2	1	1	2	2	1	2	1
8	2	1	2	1	2	2	2	1	1	1	2
9	2	1	1	2	2	2	1	2	2	1	1
10	2	2	2	1	1	1	1	2	2	1	2
11	2	2	1	2	1	2	1	1	1	2	2
12	2	2	1	1	2	1	2	1	2	2	1

表 A-5　正交表 $L_{16}(2^{15})$

试验号	列号														
	1	2	3	4	5	6	7	8	9	10	11	12	13	14	15
1	1	1	1	1	1	1	1	1	1	1	1	1	1	1	1
2	1	1	1	1	1	1	1	2	2	2	2	2	2	2	2
3	1	1	1	2	2	2	2	1	1	1	1	2	2	2	2
4	1	1	1	2	2	2	2	2	2	2	2	1	1	1	1
5	1	2	2	1	1	2	2	1	1	2	2	1	1	2	2
6	1	2	2	1	1	2	2	2	2	1	1	2	2	1	1
7	1	2	2	2	2	1	1	1	1	2	2	2	2	1	1
8	1	2	2	2	2	1	1	2	2	1	1	1	1	2	2

（续）

试验号	列号														
	1	2	3	4	5	6	7	8	9	10	11	12	13	14	15
9	2	1	2	1	2	1	2	1	2	1	2	1	2	1	2
10	2	1	2	1	2	1	2	2	1	2	1	2	1	2	1
11	2	1	2	2	1	2	1	1	2	1	2	2	1	2	1
12	2	1	2	2	1	2	1	2	1	2	1	1	2	1	2
13	2	2	1	1	2	2	1	1	2	2	1	1	2	2	1
14	2	2	1	1	2	2	1	2	1	1	2	2	1	1	2
15	2	2	1	2	1	1	2	1	2	2	1	2	1	1	2
16	2	2	1	2	1	1	2	2	1	1	2	1	2	2	1
列名	a	b	ab	c	ac	bc	abc	d	ad	bd	abd	cd	acd	bcd	abcd
区名	1	2		3				4							

表 A-6　正交表 $L_{16}(2^{15})$ 交互列表

列号															
(1)	3	2	5	4	7	6	9	8	11	10	13	12	15	14	
	(2)	1	6	7	4	5	10	11	8	9	14	15	12	13	
		(3)	7	6	5	4	11	10	9	8	15	14	13	12	
			(4)	1	2	3	12	13	14	15	8	9	10	11	
				(5)	3	2	13	12	15	14	9	8	11	10	
					(6)	1	14	15	12	13	10	11	8	9	
						(7)	15	14	13	12	11	10	9	8	
							(8)	1	2	3	4	5	6	7	
								(9)	3	2	5	4	7	6	
									(10)	1	6	7	4	5	
										(11)	7	6	5	4	
											(12)	1	2	3	
												(13)	3	2	
													(14)	1	
														(15)	

注：括号中的列号为因素所在列号。

表 A-7　正交表 $L_9(3^4)$

试验号	列号			
	1	2	3	4
1	1	1	1	1
2	1	2	2	2

（续）

试验号	列号			
	1	2	3	4
3	1	3	3	3
4	2	1	2	3
5	2	2	3	1
6	2	3	1	2
7	3	1	3	2
8	3	2	1	3
9	3	3	2	1
列名	a	b	ab	a^2b
区名	1	2		

表 A-8 正交表 $L_{27}(3^{13})$

试验号	列号												
	1	2	3	4	5	6	7	8	9	10	11	12	13
1	1	1	1	1	1	1	1	1	1	1	1	1	1
2	1	1	1	1	2	2	2	2	2	2	2	2	2
3	1	1	1	1	3	3	3	3	3	3	3	3	3
4	1	2	2	2	1	1	1	2	2	2	3	3	3
5	1	2	2	2	2	2	2	3	3	3	1	1	1
6	1	2	2	2	3	3	3	1	1	1	2	2	2
7	1	3	3	3	1	1	1	3	3	3	2	2	2
8	1	3	3	3	2	2	2	1	1	1	3	3	3
9	1	3	3	3	3	3	3	2	2	2	1	1	1
10	2	1	2	3	1	2	3	1	2	3	1	2	3
11	2	1	2	3	2	3	1	2	3	1	2	3	1
12	2	1	2	3	3	1	2	3	1	2	3	1	2
13	2	2	3	1	1	2	3	2	3	1	3	1	2
14	2	2	3	1	2	3	1	3	1	2	1	2	3
15	2	2	3	1	3	1	2	1	2	3	2	3	1
16	2	3	1	2	1	2	3	3	1	2	2	3	1
17	2	3	1	2	2	3	1	1	2	3	3	1	2
18	2	3	1	2	3	1	2	2	3	1	1	2	3
19	3	1	3	2	1	3	2	1	3	2	1	3	2
20	3	1	3	2	2	1	3	2	1	3	2	1	3
21	3	1	3	2	3	2	1	3	2	1	3	2	1

（续）

试验号	列号												
	1	2	3	4	5	6	7	8	9	10	11	12	13
22	3	2	1	3	1	3	2	2	1	3	3	2	1
23	3	2	1	3	2	1	3	3	2	1	1	3	2
24	3	2	1	3	3	2	1	1	3	2	2	1	3
25	3	3	2	1	1	3	2	3	2	1	2	1	3
26	3	3	2	1	2	1	3	1	3	2	3	2	1
27	3	3	2	1	3	2	1	2	1	3	1	3	2
列名	a	b	ab	a^2b	c	ac	a^2c	bc	b^2c	abc	a^2b^2c	a^2bc	ab^2c
区名	1	2			3								

表 A-9　正交表 $L_{16}(4^5)$

试验号	列号				
	1	2	3	4	5
1	1	1	1	1	1
2	1	2	2	2	2
3	1	3	3	3	3
4	1	4	4	4	4
5	2	1	2	3	4
6	2	2	1	4	3
7	2	3	4	1	2
8	2	4	3	2	1
9	3	1	3	4	2
10	3	2	4	3	1
11	3	3	1	2	4
12	3	4	2	1	3
13	4	1	4	2	3
14	4	2	3	1	4
15	4	3	2	4	1
16	4	4	1	3	2
列名	a	b	ab	a^2b	a^3b
区名	1	2			

表 A-10 $L_8(4\times2^4)$

试验号	列号				
	1	2	3	4	5
1	1	1	1	1	1
2	1	2	2	2	2
3	2	1	1	2	2
4	2	2	2	1	1
5	3	1	2	1	2
6	3	2	1	2	1
7	4	1	2	2	1
8	4	2	1	1	2

表 A-11 $L_9(2\times3^3)$

试验号	列号			
	1	2	3	4
1	1	1	1	1
2	1	2	2	2
3	1	3	3	3
4	1	1	2	3
5	1	2	3	1
6	1	3	1	2
7	2	1	3	2
8	2	2	1	3
9	2	3	2	1

表 A-12 $L_9(2^2\times3^2)$

试验号	列号			
	1	2	3	4
1	1	1	1	1
2	1	1	2	2
3	1	2	3	3
4	1	1	2	3
5	1	1	3	1
6	1	2	1	2
7	2	1	3	2
8	2	1	1	3
9	2	2	2	1

表 A-13 $L_{12}(3\times2^4)$

试验号	列号				
	1	2	3	4	5
1	1	1	1	1	1
2	1	1	1	2	2
3	1	2	2	1	2
4	1	2	2	2	1
5	2	1	2	1	1
6	2	1	2	2	2
7	2	2	1	1	1
8	2	2	1	2	2
9	3	1	2	1	2
10	3	1	1	2	1
11	3	2	1	1	2
12	3	2	2	2	1

表 A-14 $L_{12}(6\times2^2)$

试验号	列号		
	1	2	3
1	2	1	1
2	5	1	2
3	5	2	1
4	2	2	2
5	4	1	1
6	1	1	2
7	1	2	1
8	4	2	2
9	3	1	1
10	6	1	2
11	6	2	1
12	3	2	2

表 A-15 $L_{16}(4\times2^{12})$

试验号	列号												
	1	2	3	4	5	6	7	8	9	10	11	12	13
1	1	1	1	1	1	1	1	1	1	1	1	1	1
2	1	1	1	1	1	2	2	2	2	2	2	2	2

（续）

试验号	列号												
	1	2	3	4	5	6	7	8	9	10	11	12	13
3	1	2	2	2	2	1	1	1	1	2	2	2	2
4	1	2	2	2	2	2	2	2	2	1	1	1	1
5	2	1	1	2	2	1	1	2	2	1	1	2	2
6	2	1	1	2	2	2	2	1	1	2	2	1	1
7	2	2	2	1	1	1	1	2	2	2	2	1	1
8	2	2	2	1	1	2	2	1	1	1	1	2	2
9	3	1	2	1	2	1	2	1	2	1	2	1	2
10	3	1	2	1	2	2	1	2	1	2	1	2	1
11	3	2	1	2	1	1	2	1	2	2	1	2	1
12	3	2	1	2	1	2	1	2	1	1	2	1	2
13	4	1	2	2	1	1	2	2	1	1	2	2	1
14	4	1	2	2	1	2	1	1	2	2	1	1	2
15	4	2	1	1	2	1	2	2	1	2	1	1	2
16	4	2	1	1	2	2	1	1	2	1	2	2	1

表 A-16　$L_{16}(8\times 2^8)$

试验号	列号								
	1	2	3	4	5	6	7	8	9
1	1	1	1	1	1	1	1	1	1
2	1	2	2	2	2	2	2	2	2
3	2	1	1	1	1	2	2	2	2
4	2	2	2	2	2	2	1	1	1
5	3	1	1	2	2	1	1	2	2
6	3	2	2	1	1	2	2	1	1
7	4	1	1	2	2	2	2	1	1
8	4	2	2	1	1	1	1	2	2
9	5	1	2	1	2	1	2	1	2
10	5	2	1	2	1	2	1	2	1
11	6	1	2	1	2	2	1	2	1
12	6	2	1	2	1	1	2	1	2
13	7	1	2	2	1	1	2	2	1
14	7	2	1	1	2	2	1	1	2
15	8	1	2	2	1	2	1	1	2
16	8	2	1	1	2	1	2	2	1

表 A-17　$L_{16}(3\times 2^{13})$

试验号	列号													
	1	2	3	4	5	6	7	8	9	10	11	12	13	14
1	1	1	1	1	1	1	1	1	1	1	1	1	1	1
2	1	1	1	1	1	1	2	2	2	2	2	2	2	2
3	1	1	2	2	2	2	1	1	1	1	2	2	2	2
4	1	1	2	2	2	2	2	2	2	2	1	1	1	1
5	1	2	1	1	2	2	1	1	2	2	1	1	2	2
6	1	2	1	1	2	2	2	2	1	1	2	2	1	1
7	1	2	2	2	1	1	1	1	2	2	2	2	1	1
8	1	2	2	2	1	1	2	2	1	1	1	1	2	2
9	2	2	1	2	1	2	1	2	1	2	1	2	1	2
10	2	2	1	2	1	2	2	1	2	1	2	1	2	1
11	2	2	2	1	2	1	1	2	1	2	2	1	2	1
12	2	2	2	1	2	1	2	1	2	1	1	2	1	2
13	2	3	1	2	2	1	1	2	2	1	1	2	2	1
14	2	3	1	2	2	1	2	1	1	2	2	1	1	2
15	2	3	2	1	1	2	1	2	2	1	2	1	1	2
16	2	3	2	1	1	2	2	1	1	2	1	2	2	1

表 A-18　$L_{16}(3^2\times 2^{11})$

试验号	列号												
	1	2	3	4	5	6	7	8	9	10	11	12	13
1	1	1	1	1	1	1	1	1	1	1	1	1	1
2	1	1	1	1	1	1	2	2	2	2	2	2	2
3	1	1	2	2	2	1	1	1	1	2	2	2	2
4	1	1	2	2	2	2	2	2	2	1	1	1	1
5	1	2	1	2	2	1	1	2	2	1	1	2	2
6	1	2	1	2	2	2	2	1	1	2	2	1	1
7	1	2	2	1	1	1	1	2	2	2	2	1	1
8	1	2	2	1	1	2	2	1	1	1	1	2	2
9	2	2	2	1	2	1	2	1	2	1	2	1	2
10	2	2	2	1	2	2	1	2	1	2	1	2	1
11	2	2	3	2	1	1	2	1	2	2	1	2	1
12	2	2	3	2	1	2	1	2	1	1	2	1	2
13	2	3	2	2	1	1	2	2	1	1	2	2	1
14	2	3	2	2	1	2	1	1	2	2	1	1	2
15	2	3	3	1	2	1	2	2	1	2	1	1	2
16	2	3	3	1	2	2	1	1	2	1	2	2	1

表 A-19　$L_{16}(3^3 \times 2^9)$

试验号	列号											
	1	2	3	4	5	6	7	8	9	10	11	12
1	1	1	1	1	1	1	1	1	1	1	1	1
2	1	1	1	1	1	2	2	2	2	2	2	2
3	1	1	2	2	2	1	1	1	2	2	2	2
4	1	1	2	2	2	2	2	2	1	1	1	1
5	1	2	1	2	2	1	2	2	1	1	2	2
6	1	2	1	2	2	2	1	1	2	2	1	1
7	1	2	2	1	1	1	2	2	2	2	1	1
8	1	2	2	1	1	2	1	1	1	1	2	2
9	2	2	2	1	2	2	1	2	1	2	1	2
10	2	2	2	1	2	3	2	1	2	1	2	1
11	2	2	3	2	1	2	1	2	2	1	2	1
12	2	2	3	2	1	3	2	1	1	2	1	2
13	2	3	2	2	1	2	2	1	1	2	2	1
14	2	3	2	2	1	3	1	2	2	1	1	2
15	2	3	3	1	2	2	2	1	2	1	1	2
16	2	3	3	1	2	3	1	2	1	2	2	1

表 A-20　$L_{18}(2 \times 3^7)$

试验号	列号							
	1	2	3	4	5	6	7	8
1	1	1	1	1	1	1	1	1
2	1	1	2	2	2	2	2	2
3	1	1	3	3	3	3	3	3
4	1	2	1	1	2	2	3	3
5	1	2	2	2	3	3	1	1
6	1	2	3	3	1	1	2	2
7	1	3	1	2	1	3	2	3
8	1	3	2	3	2	1	3	1
9	1	3	3	1	3	2	1	2
10	2	1	1	3	3	2	2	1
11	2	1	2	1	1	3	3	2
12	2	1	3	2	2	1	1	3
13	2	2	1	2	3	1	3	2
14	2	2	2	3	1	2	1	3

（续）

试验号	列号							
	1	2	3	4	5	6	7	8
15	2	2	3	1	2	3	2	1
16	2	3	1	3	2	3	1	2
17	2	3	2	1	3	1	2	3
18	2	3	3	2	1	2	3	1

表 A-21　$L_{18}(6\times3^6)$

试验号	列号						
	1	2	3	4	5	6	7
1	1	1	1	1	1	1	1
2	1	2	2	2	2	2	2
3	1	3	3	3	3	3	3
4	2	1	1	2	2	3	3
5	2	2	2	3	3	1	1
6	2	3	3	1	1	2	2
7	3	1	2	1	3	2	3
8	3	2	3	2	1	3	1
9	3	3	1	3	2	1	2
10	4	1	3	3	2	2	1
11	4	2	1	1	3	3	2
12	4	3	2	2	1	1	3
13	5	1	2	3	1	3	2
14	5	2	3	1	2	1	3
15	5	3	1	2	3	2	1
16	6	1	3	2	3	1	2
17	6	2	1	3	1	2	3
18	6	3	2	1	2	3	1

表 A-22　$L_{20}(5\times2^8)$

试验号	列号								
	1	2	3	4	5	6	7	8	9
1	1	1	1	1	1	1	1	1	1
2	1	1	1	1	1	2	2	2	2
3	1	2	2	2	2	1	1	1	1
4	1	2	2	2	2	2	2	2	2

（续）

试验号	列号								
	1	2	3	4	5	6	7	8	9
5	2	1	2	1	2	1	1	1	2
6	2	1	2	2	1	1	2	2	1
7	2	2	1	1	2	2	1	2	1
8	2	2	1	2	1	2	2	1	2
9	3	1	1	2	1	1	1	2	2
10	3	1	2	2	2	2	2	1	1
11	3	2	1	1	2	1	2	2	1
12	3	2	2	1	1	2	1	1	2
13	4	1	1	2	2	1	2	1	2
14	4	1	2	1	2	2	1	2	2
15	4	2	1	2	1	2	1	1	1
16	4	2	2	1	1	1	2	2	1
17	5	1	1	1	2	2	2	1	1
18	5	1	2	2	1	2	1	2	1
19	5	2	1	2	2	1	1	2	2
20	5	2	2	1	1	1	2	1	2

表 A-23 $L_{20}(10\times2^2)$

试验号	列号		
	1	2	3
1	1	1	1
2	1	2	2
3	2	1	2
4	2	2	1
5	3	1	1
6	3	2	2
7	4	1	2
8	4	2	1
9	5	1	1
10	5	2	2
11	6	1	2
12	6	2	1
13	7	1	1
14	7	2	2

（续）

试验号	列号		
	1	2	3
15	8	1	2
16	8	2	1
17	9	1	1
18	9	2	2
19	10	1	2
20	10	2	1

表 A-24　$L_{24}(3\times4\times2^4)$

试验号	列号					
	1	2	3	4	5	6
1	1	1	1	1	1	1
2	1	2	1	1	2	2
3	1	3	1	2	2	1
4	1	4	1	2	1	2
5	1	1	2	2	2	2
6	1	2	2	2	1	1
7	1	3	2	1	1	2
8	1	4	2	1	2	1
9	2	1	1	1	1	2
10	2	2	1	1	2	1
11	2	3	1	2	2	2
12	2	4	1	2	1	1
13	2	1	2	2	2	1
14	2	2	2	2	1	2
15	2	3	2	1	1	1
16	2	4	2	1	2	2
17	3	1	1	1	1	2
18	3	2	1	1	2	1
19	3	3	1	2	2	2
20	3	4	1	2	1	1
21	3	1	2	2	2	1
22	3	2	2	2	1	2
23	3	3	2	1	1	1
24	3	4	2	1	2	2

表 A-25　$L_{24}(6\times4\times2^3)$

试验号	列号				
	1	2	3	4	5
1	1	1	1	1	2
2	1	2	1	2	1
3	1	3	2	2	2
4	1	4	2	1	1
5	2	1	2	2	1
6	2	2	2	1	2
7	2	3	1	1	1
8	2	4	1	2	2
9	3	1	1	1	1
10	3	2	1	2	2
11	3	3	2	2	1
12	3	4	2	1	2
13	4	1	2	2	2
14	4	2	2	1	1
15	4	3	1	1	2
16	4	4	1	2	1
17	5	1	1	1	1
18	5	2	1	2	2
19	5	3	2	2	1
20	5	4	2	1	2
21	6	1	2	2	2
22	6	2	2	1	1
23	6	3	1	1	2
24	6	4	1	2	1

附录 B　均匀设计表

一、等水平均匀设计表

表 B-1　均匀表 $U_5(5^4)$

试验号	列号			
	1	2	3	4
1	1	2	3	4
2	2	4	1	3

（续）

试验号	列号			
	1	2	3	4
3	3	1	4	2
4	4	3	2	1
5	5	5	5	5

表 B-2　均匀表 $U_5(5^4)$ 的使用表

因素数	列号			
2	1	2	—	—
3	1	2	4	—
4	1	2	3	4

表 B-3　均匀表 $U_7(7^6)$

试验号	列号					
	1	2	3	4	5	6
1	1	2	3	4	5	6
2	2	4	6	1	3	5
3	3	6	2	5	1	4
4	4	1	5	2	6	3
5	5	3	1	6	4	2
6	6	5	4	3	2	1
7	7	7	7	7	7	7

表 B-4　均匀表 $U_7(7^6)$ 的使用表

因素数	列号					
2	1	3	—	—	—	—
3	1	2	3	—	—	—
4	1	2	3	6	—	—
5	1	2	3	4	6	—
6	1	2	3	4	5	6

表 B-5　均匀表 $U_9(9^6)$

试验号	列号					
	1	2	3	4	5	6
1	1	2	4	5	7	8
2	2	4	8	1	5	7

（续）

试验号	列号					
	1	2	3	4	5	6
3	3	6	3	6	3	6
4	4	8	7	2	1	5
5	5	1	2	7	8	4
6	6	3	6	3	6	3
7	7	5	1	8	4	2
8	8	7	5	4	2	1
9	9	9	9	9	9	9

表 B-6　均匀表 $U_9(9^6)$ 的使用表

因素数	列号					
2	1	3	—	—	—	—
3	1	3	5	—	—	—
4	1	2	3	5	—	—
5	1	2	3	4	5	—
6	1	2	3	4	5	6

表 B-7　均匀表 $U_{11}(11^{10})$

试验号	列号									
	1	2	3	4	5	6	7	8	9	10
1	1	2	3	4	5	6	7	8	9	10
2	2	4	6	8	10	1	3	5	7	9
3	3	6	9	1	4	7	10	2	5	8
4	4	8	1	5	9	2	6	10	3	7
5	5	10	4	9	3	8	2	7	1	6
6	6	1	7	2	8	3	9	4	10	5
7	7	3	10	6	2	9	5	1	8	4
8	8	5	2	10	7	4	1	9	6	3
9	9	7	5	3	1	10	8	6	4	2
10	10	9	8	7	6	5	4	3	2	1
11	11	11	11	11	11	11	11	11	11	11

表 B-8 均匀表 $U_{11}(11^{10})$ 的使用表

因素数	列号									
2	1	7	—	—	—	—	—	—	—	—
3	1	5	7	—	—	—	—	—	—	—
4	1	2	5	7	—	—	—	—	—	—
5	1	2	3	5	7	—	—	—	—	—
6	1	2	3	5	7	10	—	—	—	—
7	1	2	3	4	5	7	10	—	—	—
8	1	2	3	4	5	6	7	10	—	—
9	1	2	3	4	5	6	7	9	10	—
10	1	2	3	4	5	6	7	8	9	10

表 B-9 均匀表 $U_{13}(13^{12})$

试验号	列号											
	1	2	3	4	5	6	7	8	9	10	11	12
1	1	2	3	4	5	6	7	8	9	10	11	12
2	2	4	6	8	10	12	1	3	5	7	9	11
3	3	6	9	12	2	5	8	11	1	4	7	10
4	4	8	12	3	7	11	2	6	10	1	5	9
5	5	10	2	7	12	4	9	1	6	11	3	8
6	6	12	5	11	4	10	3	9	2	8	1	7
7	7	1	8	2	9	3	10	4	11	5	12	6
8	8	3	11	6	1	9	4	12	7	2	10	5
9	9	5	1	10	6	2	11	7	3	12	8	4
10	10	7	4	1	11	8	5	2	12	9	6	3
11	11	9	7	5	3	1	12	10	8	6	4	2
12	12	11	10	9	8	7	6	5	4	3	2	1
13	13	13	13	13	13	13	13	13	13	13	13	13

表 B-10 均匀表 $U_{13}(13^{12})$ 的使用表

因素数	列号											
2	1	5	—	—	—	—	—	—	—	—	—	—
3	1	3	4	—	—	—	—	—	—	—	—	—
4	1	6	8	10	—	—	—	—	—	—	—	—
5	1	6	8	9	10	—	—	—	—	—	—	—
6	1	2	6	8	9	10	—	—	—	—	—	—
7	1	2	6	8	9	10	12	—	—	—	—	—

（续）

因素数	列号											
8	1	2	6	7	8	9	10	12	—	—	—	—
9	1	2	3	6	7	8	9	10	12	—	—	—
10	1	2	3	5	6	7	8	9	10	12	—	—
11	1	2	3	4	5	6	7	8	9	10	12	—
12	1	2	3	4	5	6	7	8	9	10	11	12

表 B-11　均匀表 $U_{15}(15^8)$

试验号	列号							
	1	2	3	4	5	6	7	8
1	2	4	5	7	8	11	13	14
2	2	4	8	14	1	7	11	13
3	3	6	12	6	9	3	9	12
4	4	8	1	13	2	14	7	11
5	5	10	5	5	10	10	5	10
6	6	12	9	12	3	6	3	9
7	7	14	13	4	11	2	1	8
8	8	1	2	11	4	13	14	7
9	9	3	6	3	12	9	12	6
10	10	5	10	10	5	5	10	5
11	11	7	14	2	13	1	8	4
12	12	9	3	9	6	12	6	3
13	13	11	7	1	14	8	4	2
14	14	13	11	8	7	4	2	1
15	15	15	15	15	15	15	15	15

表 B-12　均匀表 $U_{15}(15^8)$ 的使用表

因素数	列号							
2	1	6	—	—	—	—	—	—
3	1	3	4	—	—	—	—	—
4	1	3	4	7	—	—	—	—
5	1	2	3	4	7	—	—	—
6	1	2	3	4	6	8	—	—
7	1	2	3	4	6	7	8	—
8	1	2	3	4	5	6	7	8

二、混合水平均匀设计表

表 B-13　均匀表 U_6（3×2）

试验号	列号	
	1	2
1	1	1
2	1	2
3	2	2
4	2	1
5	3	1
6	3	2
D	0.3750	

表 B-14　均匀表 U_6（6×2）

试验号	列号	
	1	2
1	1	1
2	2	2
3	3	2
4	4	1
5	5	1
6	6	2
D	0.3125	

表 B-15　均匀表 U_6（6×3）

试验号	列号	
	1	2
1	3	3
2	6	2
3	2	1
4	5	3
5	1	2
6	4	1
D	0.2361	

表 B-16 均匀表 U_8（8×4）

试验号	列号	
	1	2
1	2	3
2	4	1
3	6	3
4	8	1
5	1	4
6	3	2
7	5	4
8	7	2
D	0.1797	

表 B-17 均匀表 U_8（8×2）

试验号	列号	
	1	2
1	7	2
2	5	2
3	3	2
4	1	2
5	8	1
6	6	1
7	4	1
8	2	1
D	0.2969	

附录 C 正交多项式表

表 C-1 正交多项式（N=2～5）

序号	N=2	N=3		N=4			N=5			
	$2\psi_1$	ψ_1	$3\psi_2$	$2\psi_1$	ψ_2	(10/3) ψ_3	ψ_1	ψ_2	(5/6) ψ_3	(35/12) ψ_4
1	−1	−1	1	−3	1	−1	−2	2	−1	1
2	1	0	−2	−1	−1	3	−1	−1	2	−4
3	—	1	1	1	−1	−3	0	−2	0	6
4	—	—	—	3	1	1	1	−1	−2	−4
5	—	—	—	—	—	—	2	2	1	1
6	—	—	—	—	—	—	—	—	—	—
λ^2S	2	2	6	20	4	20	10	14	10	70

表 C-2 正交多项式（N=6 ~ 7）

序号	N=6					N=7				
	$2\psi_1$	(3/2) ψ_2	(5/3) ψ_3	(7/12) ψ_4	(21/10) ψ_5	ψ_1	ψ_2	(1/6) ψ_3	(7/12) ψ_4	(7/20) ψ_5
1	−5	5	−5	1	−1	−3	5	−1	3	−1
2	−3	−1	7	−3	5	−2	0	1	−7	4
3	−1	−4	4	2	−10	−1	−3	1	1	−5
4	1	−4	−4	2	10	0	−4	0	6	0
5	3	−1	−7	−3	−5	1	−3	−1	1	5
6	5	5	5	1	1	2	0	−1	−7	−4
7	—	—	—	—	—	3	5	1	3	1
8	—	—	—	—	—	—	—	—	—	—
9	—	—	—	—	—	—	—	—	—	—
$\lambda^2 S$	70	84	180	28	252	28	84	6	154	84

表 C-3 正交多项式（N=8 ~ 9）

序号	N=8					N=9				
	$2\psi_1$	ψ_2	(2/3) ψ_3	(7/12) ψ_4	(7/10) ψ_5	ψ_1	$3\psi_2$	(5/6) ψ_3	(7/12) ψ_4	(3/20) ψ_5
1	−7	7	−7	7	−7	−4	28	−14	14	−4
2	−5	1	5	−13	23	−3	7	7	−21	11
3	−3	−3	7	−3	−17	−2	−8	13	−11	−4
4	−1	−5	3	9	−15	−1	−17	9	9	−9
5	1	−5	−3	9	15	0	−20	0	18	0
6	3	−3	−7	−3	17	1	−17	−9	9	9
7	5	1	−5	−13	−23	2	−8	−13	−11	4
8	7	7	7	7	7	3	7	−7	−21	−11
9	—	—	—	—	—	4	28	14	14	4
$\lambda^2 S$	168	168	264	616	2184	60	2772	990	2002	468

表 C-4 正交多项式（N=10 ~ 11）

序号	N=10					N=11				
	$2\psi_1$	(1/2) ψ_2	(5/3) ψ_3	(5/12) ψ_4	(1/10) ψ_5	ψ_1	ψ_2	(5/6) ψ_3	(1/12) ψ_4	(1/40) ψ_5
1	−9	6	−42	18	−6	−5	15	−30	6	−3
2	−7	2	14	−22	14	−4	6	6	−6	6
3	−5	−1	35	−17	−1	−3	−1	22	−6	1
4	−3	−3	31	3	−11	−2	−6	23	−1	−4
5	−1	−4	12	18	−6	−1	−9	14	4	−4
6	1	−4	−12	18	6	0	−10	0	0	0

（续）

序号	N=10					N=11				
	$2\psi_1$	(1/2) ψ_2	(5/3) ψ_3	(5/12) ψ_4	(1/10) ψ_5	ψ_1	ψ_2	(5/6) ψ_3	(1/12) ψ_4	(1/40) ψ_5
7	3	−3	−31	3	11	1	−9	−14	4	4
8	5	−1	−35	−17	1	2	−6	−23	−1	4
9	7	2	−14	−22	−14	3	−1	−22	−6	−1
10	9	6	42	18	6	4	6	−6	−6	−6
11	—	—	—	—	—	5	15	30	6	3
12	—	—	—	—	—	—	—	—	—	—
$\lambda^2 S$	330	132	8580	2860	780	110	858	4290	286	156

注：表 C-1 ～表 C-4 中第二行每列字母 ψ 前的数字即 λ 值，系数 S 可直接由 $S=\lambda^2 S/\lambda^2$ 求得。

参考文献

[1] 杨华明，李传常，李晓玉，等 . 材料试验设计 [M]. 北京：电子工业出版社，2020.

[2] 李云雁，胡传荣 . 试验设计与数据处理 [M]. 北京：化学工业出版社，2005.

[3] 吕英海，于昊，李国平 . 试验设计与数据处理 [M]. 北京：化学工业出版社，2021.

[4] 翟国栋 . 误差理论与数据处理 [M]. 北京：科学出版社，2016.

[5] 任露泉 . 试验优化设计与分析 [M]. 2 版 . 北京：高等教育出版社，2003.

[6] 任露泉 . 试验设计及其优化 [M]. 北京：科学出版社，2009.

[7] 任露泉 . 回归设计及其优化 [M]. 北京：科学出版社，2009.

[8] 迟全勃 . 试验设计与统计分析 [M]. 重庆：重庆大学出版社，2015.

[9] 田口玄一 . 实验设计法：上 [M]. 魏锡禄，等译 . 北京：机械工业出版社，1987.

[10] 李志西，杜双奎 . 试验优化设计与统计分析 [M]. 北京：科学出版社，2010.

[11] 茆诗松，周纪芗，陈颖 . 试验设计 [M]. 2 版 . 北京：中国统计出版社，2012.

[12] 鹿新建，周永清 . 正交试验设计在零件优化设计中的应用 [J]. 锻压装备与制造技术，2007（1）：54–56.

[13] 陈海燕，俞幸幸，李平 . 高效液相色谱法测定奶粉中双氰胺的拟水平正交试验 [J]. 中国卫生检验杂志，2013，23（14）：2899–2900.

[14] CHANDRA S. Design and analysis of experiments[M]. New York：Springer，1999.

[15] 任辉辉，李爱玲，邱东 . 生物活性玻璃简介 [J]. 化学教育（中英文），2017，38（20）：1–5.

[16] 常丽，张玉兰，袁源，等 .45S5 型生物活性玻璃制备及体外性能表征 [J]. 中国医学物理学杂志，2017，34（5）：521–526.

[17] 刘翔宇，唐嘉琦，谭志富，等 . 基于高性能二维二硒化钨的光电探测器 [J]. 高等学校化学学报，2023，44（10）：83–92.

[18] 孔双祥，胥光申，巨孔亮，等 . 基于多指标正交试验设计的 SLS 快速成型工艺参数优化 [J]. 轻工机械，2017，35（1）：30–35.

[19] 马惠芳 . 前沿科研成果融入材料物理与化学实验教学设计：二维硒化钨的物理气相沉积法制备与电子器件 [J]. 广东化工，2023，50（20）：172–175.

[20] 孟广耀 . 化学气相淀积与无机新材料 [M]. 北京：科学出版社，1984.

[21] MANGANI I R，PARK C W，YOON Y K，et al. Synthesis and characterization of $Li[Li_{0.27}Cr_{0.15}Al_{0.05}Mn_{0.53}]O_2$ cathode for lithium–ion batteries[J]. Journal of The Electrochem Society，2007，154（4）：A359–A363.

[22] TANG Y X，ZHANG Y Y，DENG J Y，et al.Mechanical force–driven growth of elongated bending TiO_2–based nanotubular materials for ultrafast rechargeable lithium ion batteries.[J].Advanced Materials，2014，26（35）：6111–6118.

[23] 卜凡晴，张旭东，何文，等 . 生物模板法合成纳米磷酸钛粉体的制备及表征 [J]. 山东陶瓷，2010，33（2）：11–15.

[24] 何江山 . 纳米二硫化钼水热合成制备研究 [D]. 西安：西安建筑科技大学，2013.

[25] 文周，刘梦，唐先军，等 . 加工工艺参数对 PEEK 材料拉伸强度及结构稳定性的影响 [J]. 塑料工业，2021，49（12）：76–81.

[26] 黄振 . 基于植物纤维微观结构的仿生复合材料设计及力学性能研究 [D]. 上海：同济大学，2022.

[27] 韩铖 . 仿生轻质抗冲击结构材料的设计、制备与性能研究 [D]. 南京：南京航空航天大学，2018.

[28] 杨楷楠 . 生物质 FRP 复合材料层合板的抗疲劳性能及盾构隧道管片的应用研究 [D]. 哈尔滨：东北林业大学，2023.

[29] 陈桂娟，李婷婷，考秀荣 . 正交试验优化溶胶凝胶法制备纳米氧化锌 [J]. 安徽化工，2023，49

（3）：53–57
[30] 佟金，张清珠，常原，等．肋条型仿生镇压辊减粘降阻试验 [J]. 农业机械学报，2014，45（4）：135–140.
[31] 田口玄一．开发、设计阶段的质量工程学 [M]. 中国兵器工业质量管理协会，译．北京：兵器工业出版社，1990.
[32] 李庆东．试验优化设计 [M]. 重庆：西南师范大学出版社，2016.
[33] 孟锦宏，任本景，赵学妍，等．氯化胆碱 – 乙二醇 – 水溶液制备镍铁氧体 [J]. 沈阳理工大学学报，2024，43（2）：64–70.
[34] 刘国兴，任世彬．田口方法与稳健性设计 [J]. 电工电气，2010（10）：53–57.
[35] WU C F J，HAMADA M S. Experiments：planning，analysis，and optimization[M]. 2nd ed. New York：John Wiley & Sons，2011.
[36] 张建方．参数设计中的外表设计 [J]. 数理统计与管理，1995（5）：40–48.
[37] 朱伟勇，关颖男．D– 最优试验设计 [J]. 东北工学院学报，1978（2）：104–113.
[38] 关颖男．混料试验设计 [M]. 上海：上海科学技术出版社，1990.
[39] 任露泉．模型试验的预测精度研究 [J]. 吉林工业大学学报，1986（3）：49–59.
[40] 汤旦林，王松柏．几种国际通用统计软件的比较 [J]. 数理统计与管理，1997（1）：49–54.
[41] 刘元江，缪经纬，陈景勇，等．统计软件在试验设计中的应用 [J]. 清远职业技术学院学报，2011，4（3）：45–47.
[42] 王颉．试验设计与 SPSS 应用 [M]. 北京：化学工业出版社，2007.
[43] 徐向宏，何明珠．试验设计与 Design–expert、SPSS 应用 [M]. 北京：科学出版社，2010.
[44] 唐启义．DPS 数据处理系统：实验设计、统计分析及数据挖掘 [M]. 北京：科学出版社，2007.
[45] 惠大丰．统计分析系统 SAS 软件实用教程 [M]. 北京：北京航空航天大学出版社，1996.
[46] 洪楠．Statistica for Windows 统计与图表分析教程 [M]. 北京：清华大学出版社，2002.
[47] 肖信．Origin8.0 实用教程：科技作图与数据分析 [M]. 北京：中国电力出版社，2009.
[48] 郑祖国，葛毅雄，杨力行，等．投影寻踪回归（PPR）技术在水泥配方优化中的应用 [J]. 八一农学院学报，1995（1）：20–24.
[49] 方开泰，刘民千，覃红，等．均匀试验设计的理论和应用 [M]. 北京：科学出版社，2019.
[50] 杜明亮．4.0 版均匀设计软件介绍 [C]// 中国数学会均匀设计分会 2002 年年会论文集．北京：中国数学会均匀设计分会，2002.